한반도 지형론

고바야시의 이윤회성(二輪廻性) 지형

한반도 지형발달사와 신생대 지사와의 관계에 대한 고찰
고바야시 데이이치

부록・한반도 중부의 지형발달사
요시카와 도라오

한반도 지형론

고바야시의 이윤회성(二輪廻性) 지형

손 일・김성환・탁한명 편역

푸른길

일러두기

1. 이 책의 주요 논문인 「한반도 지형발달사와 신생대 지사와의 관계에 대한 고찰」
   은 고바야시 데이이치(小林貞一), 1931, 朝鮮半島地形發達史と近生代地史
   との關係に就いての一考察, 地理學評論, 第7卷, pp.523~550, pp.628~648,
   pp.708~733을 번역한 것이다.

2. 부록으로 실린 「한반도 중부의 지형발달사」는 요시카와 도라오(吉川虎雄), 1947,
   朝鮮半島中部の地形發達史, 地質學雜誌, 第53卷, 第616~621號, pp.28~32를
   번역한 것이다.

3. 원저자의 논문에는 '조선반도', '일본해'로 표현되어 있으나, 이것만은 '한반도', '동
   해'로 바꾸어 불필요한 오해를 없애고자 하였다. 나머지는 가급적 원문에 충실하게
   표현하였다.

4. 이 책 역자 중 한 사람은 자신의 역서 『조선기행록』(2010, 푸른길)에서 고토 분지
   로의 1903년 논문 "An Orographic Sketch of Korea"를 「조선산맥론」으로 번역하
   였다. 당시 그는 고바야시의 논문을 번역할 예정이 없었고 일본인들이 이를 「조선
   산악론」으로 번역하고 있음을 알고 있었지만, 「조선산맥론」이 고토 분지로의 생각
   을 보다 정확하게 반영한 것이라고 판단하여 「조선산악론」 대신 「조선산맥론」으로
   번역하였다. 하지만 고바야시의 논문을 번역한 이 책에서는 가능하면 저자의 원문
   에 충실해야 한다는 의미에서 원문 그대로 「조선산악론」으로 번역하였다. 혹시 이
   로 인한 오해나 혼돈이 있을까 염려되어 사족을 붙인다.

5. 지금까지 국내 각종 교과서에서는 고위평탄면과 저위평탄면이 전윤회와 현윤회의
   최종 지형이며, 이들이 함께 공존하고 있다는 점에서 현재 한반도 지형을 이윤회성
   지형이라고 고바야시가 정의한 것으로 이해하고 있다. 하지만 그의 논문에서는 전
   윤회와 현윤회의 준평원 모두에 지금도 평탄화가 진행되고 있음을 강조하고 있다.
   어쩌면 이 점이 이 논문의 또 다른 핵심일 수 있으니 유의해서 확인하기 바란다.

한반도 지형발달사와 신생대 지사와의 관계에 대한 고찰

부록

한반도 중부의 지형발달사

일본 지질학자 고바야시가 쓴 한반도 지형 이야기

한반도 지형론

한반도 지형발달사와 신생대 지사와의
관계에 대한 고찰

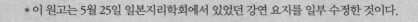
* 이 원고는 5월 25일 일본지리학회에서 있었던 강연 요지를 일부 수정한 것이다.

1. 서언

1903년 고토(小藤)[1][1] 선생의 명저 「조선산악론(An Orographic Sketch of Korea)」[2]이 나온 이후 층서학(stratigraphy)적 연구는 획기적으로 발전한 것에 비해, 지형학적 연구는 손을 꼽아 헤아릴 정도로 몇몇 단편적인 기사를 제외하고는 전무(全無)하다고 말할 수 있다. 조선의 지형발달사와 신생대[3] 지사(地史)의 관계는 앞으로 연구되어야 할 흥미로운 과제 중 하나이다. 1926년 이래 필자는 조선 고기암층[4]의 층서학적 연구를 위해 수차례에 걸쳐 강원, 황해, 평남, 평북, 함남 등 여러 지방으로 지질여행을 한 적이 있다. 이 당시 관찰에 근거한 그리고 한가했던 어느 날 지형도 위에서 간단하게 작업하면서 알게 된, 12개 조선 지형의 특성[5]과 조선 신생대 지사에 관한 현재 지식과의 상호 관계에 대해 나의 짧은 생각을 말하려고 한다. 필

---

1) B. Koto(1903), An Orographic Sketch of Korea(Jour. Coll. Sci, Imp. univ, Tokyo, Vol. XIX, Art. 1).

자는 지형학을 전공한 것도 아니고, 또 지형학을 목적으로 해서 여행한 것도 아니라는 사실을 밝혀 두어야 할 것 같다. 부족한 학문을 반성하지 않고 원고를 작성한 이유는 도쿄대학 즈지무라(辻村) 조교수의 격려에 힘입은 바 컸고, 거의 잊혀져 가는 이 방면의 관찰 내용을 기술하여 향후 학자들이 자신들의 연구에 참고할 수 있도록 하기 위함이다.

일본 열도(Japan proper)는 동북 일본과 서남 일본으로 나누어져 있고, 이는 다시 내대와 외대 두 구역으로 구분되는 것처럼, 고토 선생의 「조선산악론」에 따르면 한반도 역시 개마대지(蓋馬臺地, Kaima plateau), 고조선 (古朝鮮, Palaeo-Chosen), 한지(韓地, Han-land) 등 3개의 지질 단위로 나누어져 있다.

개마대지란 서조선만[6]과 동조선만[7]을 잇는 선 이북에 위치해 있으며, 편마암을 기반으로 하는 평북, 함북, 함남 지역의 고지대를 말한다. 개마대지 남쪽에 위치한 고조선은 평남, 황해 및 함남 일부를 차지하고 있는데, 필자[2]가 주장하는 소위 '평남지향사(平南地向斜)'[8]가 그 안에 포함되어 있다. 원생대의 상원계[9], 캄브리아기와 오르도비스기의 조선계[10], 페름-석탄기[11] (permo-carboniferous period)에서 트라이아스기(triassic period) 초기의 평안계[12] 등으로 이루어진 수성암층이 고조선 지역 대부분을 점하고 있다. 경원선이 달리는 좁고 긴 요지(凹地)를 추가령구조곡[3][13]이라고 하는데, 이는 신생대에 만들어진 대지질구조선의 하나이며 이를 따라 현무암이 분출해 있다. 이 선의 남쪽 아래 경기, 강원, 충청, 전라, 경상 등 여러 도에 걸

---

2) 小林貞一(1930), 下部大同層基底不整合の意義(地質學雜誌 第三七卷).
3) 中村新太郎(1930), 日本地理大系, 朝鮮篇, 二十五頁.

친 넓은 지역을 한지라고 부른다. 야마나리 후지마로(山成不二麿)[4] 학사가 말하는 소위 옥천지향사[14]가 한지 중앙부를 비스듬히 지나가고 있다. 그 남쪽에 위치한 화강암과 편마암으로 이루어진 소백산맥을 경계로 경상남북도, 그리고 중국 서부, 북규슈로 이어지는 지역이 고토[5] 교수가 말하는 소위 대마분지인데, 여기에는 경상누층군(경상층)[15]이 두텁게 퇴적되어 있다.

고토 교수의 「조선산악론」에서는, 북조선에 동서방향 즉 랴오둥 방향 그리고 남조선에 북동−남서 방향 즉 중국 방향의 구조선이 발달해 있으며, 이 두 구조선이 생성된 후 조선호(朝鮮弧) 방향 즉 한국 방향이 생성되었다는 사실을 논하고 있다. 이 견해는 실로 선생의 탁견으로 과거 수십 년간의 조선 지질답사 결과 실증된 만큼, 조선의 지질구조 중에서 가장 중요한 세 가지 요인이라고 할 수 있다. 랴오둥 방향 혹은 중국 방향이라고 부르는 것들은 그 생성원인을 상당히 오래전으로 거슬러 올라가야 할지도 모르겠다. 또한 그 활동이 근자에 이르기까지 계속되었는지 알 수 없지만, 이 두 방향의 지각운동이 가장 현저했던 때는 중생대로, 이 방향의 습곡운동은 조선 중생대 지사에서 특별히 다루어야 할 사건이다. 이처럼 오래된 지질구조의 특성이 그의 「조선산악론」에서 지형적으로 확인되었다는 사실은 주목할 만한 일이라고 생각한다.

만주와 조선에 분포하고 있는 현 지형의 발달사를 연구함에 있어 두 가지 중요한 특성을 염두에 두어야 한다. 그중 하나는 암석의 저항력(Rock resistance)에 따른 차별침식(Differential erosion)인데, 이러한 특성으로

---

4) 山成不二麿(1926), 朝鮮江原道の鱗片構造(地理學評論 第二卷).
5) B. Koto(1909), Journey through Korea(Jour. Coll. Sci. Imp. Univ. Tokyo, Vol. XXVI, Art. 2).

인해 현재 지질도 상에 나타난 암층의 분포, 그 분포의 원인이 된 습곡, 단층 등과의 여러 가지 관계가 이차적으로 현 지형에 반영되어 있다. 고토 교수는 이러한 특성을 근거로 하여 자신의 「조선산악론」을 통해 지체구조론의 기초를 직접 마련하였다. 다른 하나의 특성은 비대칭적인 대규모 요곡운동(Broad warping)[16]이 아주 강력하게 작용해 현 지형을 지배하고 있다는 사실이다. 이 두 가지 특성이 깊고 세밀하게 누적되어 조선의 현 지형이 생성된 것이다. 이 대규모 요곡운동과 연계해서 한반도의 현 지형을 보아야 하며, 이를 위해서는 우선 경성(서울)에서 강릉까지 자른 단면을 보아야 할 것이다. 이는 한반도의 비대칭적 요곡 형태를 가장 잘 표현해 주는 것이라고 말할 수 있다. 만일 이 형태를 하나의 기본형으로 간주한다면, 한지 남쪽 절반의 형태는 그 모양이 대마분지의 특이성에 의해 변형된 것이라고 말할 수 있고, 또 추가령구조곡은 하나의 대지질구조선이 이 모양을 비스듬히 지나가는 곳에서 볼 수 있는 특별한 형태라고 말할 수 있다. 개마대지에다 고조선을 더한 조선 북부에서 멀리 남만주까지 하나의 큰 띠를 이루는 지역에서는 요곡운동이 더더욱 큰 규모로 이루어졌고, 게다가 그 한쪽으로는 칠보산괴(七寶山塊)[17]와 같은 특별한 유형의 지괴(地塊)까지 붙어 있다. 백두산 주변은 신생대 현무암 분출로 특수한 모습을 갖추고 있다. 아직 나는 이와 같은 흥미로운 특수 지형을 감상할 기회를 갖지 못했다. 하지만 다행히도 비대칭적 요곡운동이 반영된 경성(서울)−강릉 간 단면에서 한반도 지형의 일반적인 모습, 달리 말해 기본형이라 할 수 있는 가장 모식적인 한반도의 횡단면을 볼 수 있었기에, 이 횡단면에 관해 조금 상세하게 묘사해 보고자 한다.

2. 경성-강릉 간 한반도 단면에서 볼 수 있는 고위평탄면과 주변준평원

  태백산에서 북으로 이어지는 고지대에는 옥천지향사를 이루는 각 시대의 암층이 잘 발달되어 있고, 그 암층은 중국 방향의 습곡운동과 한국 방향의 단층운동 때문에 흥미로운 지질구조를 이루고 있다. 또한 그 사이에 석탄, 금 등의 유용 광물이 부존되어 있기 때문에 지질학자의 입장에서 보면 조선 남부에서도 특별히 중요한 지역이며, 이 지역의 인편구조[18]에 대해서는 일찍이 야마나리 후지마로(山成不二麿)[4] 학사가 본지를 통해 발표한 적이 있다. 또 이 지역에 무진장으로 매장되었을 것이라고 예상하는 무연탄에 대해서는, 시라기 다쿠지(素木卓二) 학사가 다년간 답사한 결과 마침내 그 보물 창고가 열리게 되었다. 필자는 이 지역에 발달한 고기암층의 층서학적·고생물학적 연구를 위해 3회에 걸쳐 답사했다. 경성에서 동해안까지 한반도를 횡단하면서 지형이 노년기에서 장년기로, 그런가 하면 전윤회(前輪廻)의 노년기로 들어갔다가 재차 현윤회(現輪廻)의 장년기에서 노년

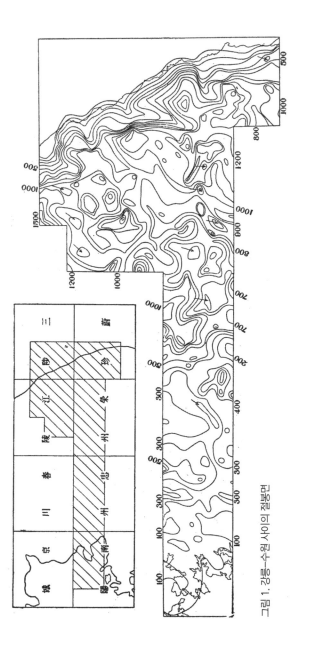

그림 1. 강릉-수원 사이의 절봉면

기로 급속하게 바뀌는 것을 확인했다. 즉 이를 개관하면 이윤회성(二輪廻性) 지형의 파노라마[19]라고 말할 수 있다.

경성에서 남쪽으로 경부선 본선을 따라 수원, 천안, 조치원 등을 지나는 사이, 차창에는 끊임없이 구릉 돌출부[20]가 나타나기 때문에 아직 완전히 준평원화된 것은 아니다. 그렇지만 지도에서 이 일대 지형을 살펴보면, 아무리 높아도 200m를 넘는 경우는 드물다. 이따금 200m 면 위로 우뚝 솟은 산체들이 드러나는데, 이들은 화산(641m)을 비롯한 몇몇 산릉과 같이 이 부근 일대에 널리 펴져 있는 정편마암[21] 사이에 편재한 준편마암[22]에서 형성된 도상구릉(Inselberg)[23]에 해당된다. 암층의 저항 차이에 의해 생성된 이런 유형의 구릉은 석성산[24]처럼 요충지가 되기도 하고, 백련암·영월암과 같이 은자의 초막이 되기도 한다.

원칙적으로 저위 소기복면은 동쪽으로 가면서 기복이 증가하고 평균고도 역시 높아지지만, 암층 분포에 따라 어느 정도의 변화는 당연히 나타난다. 대상(帶狀)의 편마암 지역 동쪽으로 화강암 지역이 나타난다. 즉 그림 2에서 보듯이 이천, 여주, 장호원 부근에는 개활지(開豁地)가 발달해 있고 계곡 폭이 넓어지며, 표고 150m 이내의 구릉들이 소기복을 나타내기 때문에, 퇴적면과 침식면 간의 경계를 분명하게 구별하기 어렵다. 이런 형태의 평탄면은 그 폭이 약 25km가량 된다. 장호원의 동쪽으로는 오갑산(609m−역주), 원통산(656m−역주), 차의산(수레의산, 678m−역주) 등으로 대표되는 600~700m 급의 산지들이 충주 개활지와의 사이에 놓여 있다. 그림 3과 그림 4에서 보듯이, 충주읍 주위에도 표고 100m 이내의 다양한 평탄면이 넓게 발달해 있다. 크고 작은 원각력[25]으로 된 사력층(沙礫層)

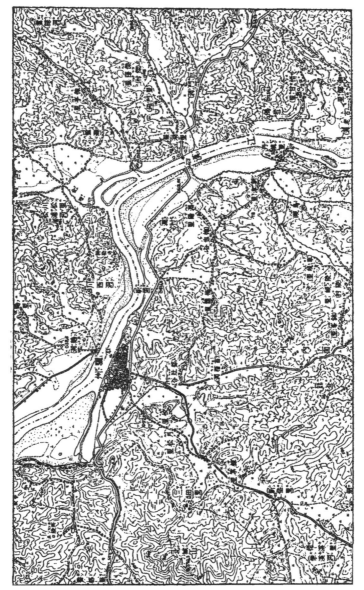

그림 2. 여주 부근의 소기복면

그림 3. 충주의 평탄면(1)

이 화강암 위를 덮고 있는 것이 주변에서 관찰된다. 이 신선한 퇴적물이 비교적 두껍게 퇴적된 곳에서는 이토층(泥土層)으로 풍화된 곳도 볼 수 있다. 대부분 하안단구 퇴적물로 보이지만, 그 일부는 호소(湖沼) 퇴적물로 볼 수 있는 것도 있다.

　필자[6]는 "한반도 중부의 1/200,000 남양(南陽), 충주(忠州), 영주(榮州), 울진(蔚珍) 4도폭의 절봉면에서 급격한 지형 변화를 분명하게 확인할 수 있다. 고위평탄면은 충주 부근에서 나타나 동쪽으로 나아갈수록 높아지고, 강원도 석회암 대지의 준평원 유물로 이어져 있다."라고 이전에 기록한 적이 있다. 또한 저위평탄면과 고위평탄면이 만나는 지점이라는 의미에서 충주는 지리적으로도 인문적으로도 흥미로운 곳이다. 충주의 서쪽으로는 여

---

6) 小林貞一(1930), 南滿北鮮に發達する奧陶紀層に就いて, 其四(地質學雜誌 第三十七卷) 八七頁.

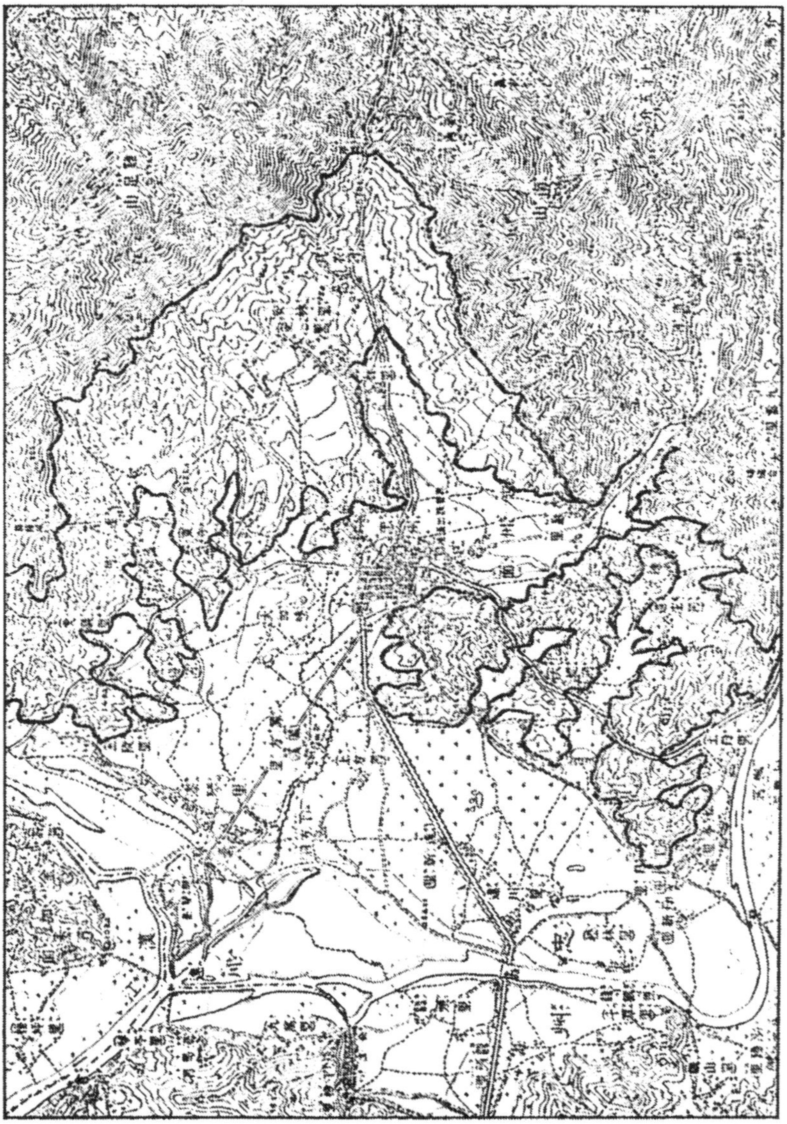

그림 4. 충주의 평탄면(2)

주와 조치원이 있고 동쪽으로는 문경, 춘양, 제천이 있는데, 충주는 평지와 산지의 문화가 교차하는 곳으로 조치원–충주 철도[26]의 종점이다. 충주에서 산지에 위치한 제천읍으로 가려면, 457m의 박달령[27]을 넘어야만 한다.

충주 서쪽에 광활한 면적을 차지하고 있는 저위면은 한강과 함께 상류로 거슬러 올라가면서, 화강암을 비롯한 그 밖의 연약한 암석이 분포하고 있는 지역이 침식을 받아 생성된 크고 작은 분지로 바뀐다. 이러한 모습은 산지 내 많은 분지들이 단층에 의해 와지(窪地)를 이루는 일본 열도의 사례와는 현저하게 다르다. 제천 분지에서도 하안단구[28]의 얇은 하천 역층을 확인할 수 있다. 이런 지역을 제외한다면, 대부분의 지형은 이제 막 장년기에 도달해 한강과 그 밖의 하천을 따라 소기복면과 단구가 상류 쪽으로 진행되고 있는 모습이다. 하지만 소기복면은 차츰 그 폭이 좁아져 영월 동쪽으로는 이 면이 어느 정도의 면적을 차지하고 있는지 판단할 수 없다.

의림길(義林吉)과 정선(旌善) 두 지형도(1:50,000)에서는 하성단구와 감입곡류 연구에 관한 꽤 흥미로운 소재를 발견할 수 있다. 이 지역에서는 고위평단면이 800~900m 그리고 1,200m 전후 높이에 발달해 있고, 그 위에는 주로 평안계의 녹색암층[29]으로 이루어진 가리왕산과 그 밖의 산괴가 놓여 있다. 1,200m 면은 이들 산괴가 잔존해 있는 지역에 많이 나타나며, 의림길 도폭에서는 산정들이 800~900m 높이를 이루고 있기 때문에 고갯마루에 올라 멀리 바라보면 산 능선은 거의 하나의 평면을 이루고 있다.

한강과 그 지류들은 유로(流路)를 따라 이들 면 사이를 지나면서, 몇 개의 단구를 만들기도 하고 깊은 협곡을 이루면서 곡류하기도 한다. 그림 5에서 볼 수 있는 것처럼 표고 약 300m의 단구, 100~150m의 단구, 수십m

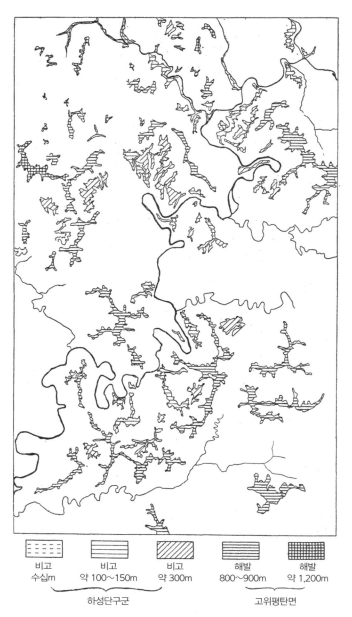

| 비고
수십m | 비고
약 100~150m | 비고
약 300m | 해발
800~900m | 해발
약 1,200m |

하성단구군   고위평탄면

그림 5. 정선, 의림길 도폭의 고위평탄면과 하성단구군

의 가장 젊은 단구 등 몇 개의 단구를 구별할 수 있다. 3단으로 구별할 것인가, 4단으로 구별할 것인가는 현 하상에서의 높이 말고는 특별한 방법이 없기 때문에, 지도 작업을 통해 구분하거나 현장에서 직접 구분할 경우에도 상당한 개인차를 고려하지 않으면 안 된다. 하지만 몇 단의 단구가 존재한다는 사실만은 부정할 수 없다. 이 도폭에서뿐만 아니라 조선의 산지에서는 강을 거슬러 올라가다 보면 그 깊숙한 곳에서 의외로 계곡의 폭이 넓어지는 경우가 적지 않다. 지도에서 이를 확인해 보면 평탄면이 주먹을 약간 펼친 듯한 모양을 하고 있다. 이곳에는 원력(圓礫)뿐만 아니라 아원력(亞圓礫)과 각력(角礫)이 퇴적되어 있고, 차츰 암설(岩屑)로 바뀌는 경우가 많다. 물론 이런 퇴적상이 여러 개의 단구면에 연속되어 있어야겠지만, 만일 침식이 계곡 깊숙한 곳까지 진행된 경우 단구의 형태로 나타난다(퇴적물이 없는 암석단구를 말하는지, 몇 개의 단구가 아닌 하나의 단구를 말하는지 불분명하다−역주). 만약 지금 내 지도에서 볼 수 있는 것처럼 3단의 단구와 2단의 고위평탄면으로 구분한다면, 이 경우 높이가 다른 각각의 단구들이 한강과 그 지류를 따라 어떻게 변화할 것인가? 이는 말할 것도 없이 하류에서는 저위면이 우세하게 나타날 것이고, 고위면은 축소될 것이다. 이 때문에 상단의 단구나 고위평탄면은 점차 소실되고 저위면은 강의 양측으로 넓어져, 마침내 서쪽 지역의 광대한 저위면으로 바뀌어 나갈 것이다. 그 반대로 상류로 갈수록 낮은 단구는 점차 소실되어 간다. 따라서 정선의 북쪽 하령부(下玲富) 도폭을 지나 오대산(五臺山) 도폭에 이르면 800~900m와 1,200m 높이의 고위면이 지도 전체에 펼쳐지고, 마침내 한강의 발원지 부근에 이르면 상단의 단구면이 현 하상과 같은 고도로 이어진다. (하성단구 퇴적물은 대체로 제4기의 산물로 생각되지만, 이 상단 단구와 같은 연대이거나 혹은 의외로 더 오래전의 것인지도 모른다.)

이 같은 사실은 동쪽 지역에서도 확인할 수 있다. 이 경우 고위평탄면의 고도는 차츰 높아진다. 즉 호명(虎鳴) 도폭에서 1,200m 부근에 있던 상단의 고위면이 1,300m 부근에서, 800~900m 부근에 있던 하단의 고위면이 1,000m 부근에서 나타나며, 그리고 550m 부근에 있던 상단의 단구면은 700~800m까지 고도가 높아진다. 그리고 이들 면은 점점 더 발달해 넓게 나타난다. 상단 고위면이 약 100m 상승한 데 비해, 상단 단구면은 150~250m가량 상승하였다. 이러한 차이는 고위면과 3단의 단구면의 형태적 차이에서도 뚜렷이 나타난다. 이를 최근에 일어난 대규모의 비대칭적 요곡운동과 관련지어 생각해 보면, 고위면은 요곡운동 전에 존재했고 단구면은 요곡운동 후의 산물이라는 사실을 증명하고 있는 것은 아닐까?

고위평탄면의 면적이 늘어남에 따라 화전 경작도 성행하지만, 경작 특성상 화전민은 취락을 이루지 못한 채 물 문제를 해결하기 위해 집들이 1~2채씩 떨어져 있다. 그 사이를 잇는 작은 오솔길이 평탄면을 가로지르고 있으며, 화전민들의 문화는 이곳 고위평탄면 위에 보존되어 있다. 도로변에서 확인되는 조선의 현대 문화와 화전민 문화 사이에는 뚜렷한 차이가 나타나지만, 둘 사이의 간극은 점차 줄어들고 있다. 이런 모습은 고위평탄면과 저위평탄면에서 뚜렷한 차이를 확인할 수 있는데, 도로변 문화는 강을 거슬러 곡저(谷底) 취락까지 도달해 있다. 하지만 저위평탄면과 고위평탄면 사이에 있는 철형(凸形)의 곡벽(Valley wall)이 문화와 교통의 장애로서 우뚝 솟아 있다. 물론 산지에서는 곡저의 농민 역시 경지가 부족하기 때문

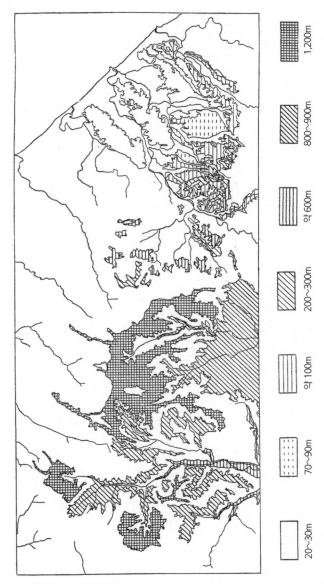

그림 6. 강릉(江陵) 도폭의 저위평탄면과 오대산(五臺山) 도폭의 고위평탄면, 한강의 고위단구군

범례 (우측):
- 1,200m
- 800~900m
- 약 600m
- 200~300m
- 약 100m
- 70~90m
- 20~30m

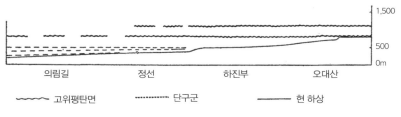

에 화전 경작을 하고 있다. 그렇지만 그 취락의 특성을 살펴보면 일단의 진보가 확인된다. 무슨 동, 무슨 리, 무슨 골이라고 불리는 마을 이름이 있고, 이들 부락에는 구장(區長)이 있고 그 아래로 이장(里長)이 있다. 우리는 잘 곳이 없는 산지를 답사할 경우, 구장이나 이장에게 사정하여 머무르는 날도 많았다. 시라기(素木)가 황지리에서 필석을 발견한 것을 시작으로, 야마나리(山成)는 직운산(1,117m)과 두무동[30] 두 곳에서 삼엽충이 포함된 혈암[31] 대를 발견하였다. 이러한 발견은 지질학자들 사이에 흥미를 불러일으켰고, 이 벽지로 몇몇 사람들의 발길을 재촉하기에 충분했다. 강원도 영월군 상동면 대기의 이장 농가는 조선 지질학자들 사이에 여러 차례 화제에 오른 인상적인 숙소였다. 나도 이 숙소를 세 차례 방문했다. 철형의 곡벽에 둘러싸인 곡저의 외딴집에서는 초여름의 긴 하루 해도 빨리 저물고, 봄날 밤 산등성이에 붙은 산불은 이곳의 장관이었다.

그림 8에서 보듯이, 1,000m 고도의 고위평탄면 위에는 캄브리아기의 기저 규암과 평안계 하부의 사암층이 2열의 잔구(monadnock)[32] 형태로 솟아 있다. 지질학자들의 호기심을 불러일으켰던 직운산 혈암대는 두 잔구 사이에 있는 두꺼운 석회암층 상부를 대상(帶狀)으로 달리고 있고 좋은 경

그림 8. 강원도 영월군 상동면의 지질단면 개략도

지를 제공해 주기 때문에, 주민들은 이곳을 경작해 밤, 옥수수, 감자를 수확하고 있다. 이전에 야마나리에 의해 소개되었던 중생대 후기의 강원도 인편구조는 지질조사를 통해 밝혀지기는 했지만 지형적으로는 분명하지 않다. 그것은 그 이후 오랫동안 침식작용에 의해 몇 차례에 걸쳐 평탄화가 진행되었기 때문이다. 그러나 단층면을 자세히 관찰한다면, 그림 9에서 볼 수 있듯이 하나의 단층면 경사를 따라 말발굽 모양(馬蹄型)의 안부(鞍部) 능선을 확인할 수 있다. 또한 안부 능선에는 부락들을 잇는 산길이 나 있고, 단층면을 밟으면서 고개를 오르내리는 경우가 많다. 정단층의 경우 이런 류의 오목한 곳(凹)이 직선적이라는 사실은 말할 필요도 없다. 카르스트 지형의 특성이라고 말할 수 있는 돌리네, 종유동, 용혈, 암괴원(Felsenmeer) 등의 좋은 소재들이 이 지역에 나타난다. 하지만 이미 이 잡지[7]에는 오자와(小澤) 박사의 아키요시다이(秋吉臺)에 관한 기사가 실려 있고, 나카무라(中村)[8] 교수 역시 이전에 신막[33]의 카르스트를 『지구(地球)』에 소개한 적이 있기 때문에 여기서는 더 이상 거론하지 않으려 한다. 단지 요즈음 조선

7) 小澤儀明(1925), 秋吉臺の地史と地形と地下水(地理學評論 第一卷).
8) 中村新太郎(1926), 地理教材としての地形圖第三十五 朝鮮新幕附近のカルスト(地球 第六卷).

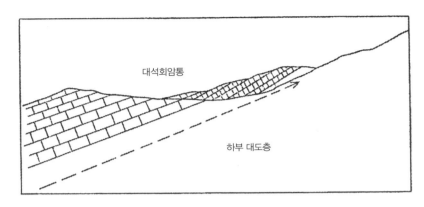

그림 9. 강원도 영월군 거산리에 있는 대석회암층의 반송층 위로의 스러스트

의 시사문제로 대두되고 있는 토지개량과 관련된 경작지와 카르스트의 문제는, 조선과 같이 석회암이 광대한 면적을 차지하고 있는 지역에서는 높은 관심을 가져야 할 부분이다. 특히 이곳의 토양과 지하수는 중요한 연구사항이란 사실을 부언해 두고자 한다. 척량산맥의 고봉인 태백산과 함백산

주변에 이르면 지금까지의 험준한 계곡은 사라지고, 서해안 지방에서 보는 것과 같이 산릉과 하상의 표고 차가 감소하면서, 일반적으로 소기복으로 이루어진 노년기 지형으로 바뀐다. 이곳부터 동해안 사이에서는 마찬가지의 준평원 유적이라고 할 수 있는 고위평탄면과 직선상의 단층선곡[34], 그리고 이러한 회춘(回春)에 동반되는 몇 단의 하성단구군을 확인할 수 있다. 한반도의 동해안과 평행하게 달리는, 소위 태백산 단층선(Taipaiksan Dislocation Line)이라고 불리는 극히 중요한 지질구조선이 있다. 태백산과 함백산 주변의 땅은 다행히 시라기(素木)의 정밀한 조사가 있었기 때문에 그 위치와 낙차를 명확하게 알 수 있다. 시라기의 답사 결과에 의하면, 태백산 동쪽으로 수평변위는 약 5km, 이를 수직변위로 환산하면 동쪽으로 2km 내지 3km가량 내려앉은 대단층이 남북으로 관통해 달리고 있으며, 이보다 동쪽에는 북-남, 북동-남서, 북서-남동 세 방향의 단층이 달리면서 여러 개의 지괴로 나누어 놓아 일종의 격자 모양을 이루고 있다. 물론이 단층망은 백악기의 퇴적물인 신라통을 자르고 있기 때문에 백악기 이후의 산물이라는 것은 확실하다. 간혹 단층선을 따라 화강반암이 관입되어 있다. 하지만 제3기 퇴적물이 없는 이 지역에서는 이 단층 생성기의 상한을 규정할 수 없다. 이 단층선을 경계로 동쪽 지역에 다수의 지괴가 나타나지만, 단층선의 좌우에 있는 고위평탄면이 거의 변위되지 않은 것은 단층애가 많은 일본 열도와는 확실하게 다르다.

고위평탄면은 태백산-함백산을 축으로 해서 동쪽으로는 경사가 완만하다. 서쪽에 비해서도 동쪽은 훨씬 완만한 각도로 기울어져 있다. 융기 전 거의 완벽한 준평원화 상태에 있던 동쪽의 편마암 지역은 이런 류의 경동운

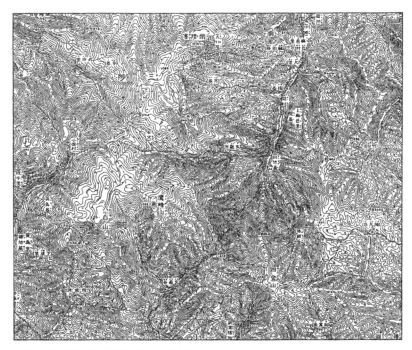

그림 10. 육백산, 사금산 부근의 고위평탄면

동[35]을 가장 분명하게 보여 준다. 육백산(1,244m-역주), 응봉산(매봉산, 1,268m-역주), 두리봉(1,075m-역주)에서 확인할 수 있는 평탄면은 준평 원의 전형적인 유물 중 하나라고 말할 수 있다. 이 평탄면은 북동쪽으로 가면서 6km 구간에서 약 150m 낮아지고 있다. 그림 11에서는 북쪽의 육백산 준평원 유물(융기준평원-역주)과 사금산(1,082m) 및 진범기[36]의 평탄면을 볼 수 있는데, 평탄면은 거의 완전한 일직선을 이루고 있다. 게다가 이 그림에서는 12km 구간에서 400m가 낮아지는 것을 확인할 수 있는데, 여

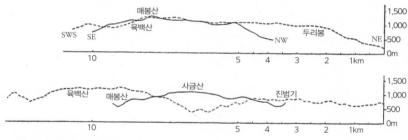

그림 11. 육백산 고위평탄면의 단면도

기서 더욱 흥미로운 사실은 마읍천(麻邑川)[37]과 평탄면의 관계이다. 그림 12에 나타난 것과 같이 마읍천은 드물게 보는 직선상의 유로이며, 더군다나 가장 모식적인 단층선곡인 오십천(五十川)과 평행하게 달리고 있다. 만일 지형적으로 보아 오십천이 단층선곡이라면, 마읍천 역시 단층선곡이라고 말하고 싶다. 그러나 지질적 단층은 지형적 단층으로 표현되지 않을 수 있지만, 지형적 단층은 반드시 지질적 단층에 의해서만 발현된다. 그리고 겉으로 단층의 형태를 갖추고 있어도 그것이 지질적으로 단층이 아니라면, 단층 이외의 원인으로 생긴 유사 단층으로 보아야 한다.

마읍천의 경우 역시 지질학적으로 단층인지 아닌지의 여부를 살펴볼 필요가 있지만, 편마암 지역에서 단층의 결정은 좀처럼 쉽지 않다. 특히 이 단층의 형식과 변위의 결정에 이르게 되면 아주 어려운 작업이 된다. 다행히 편마암 지역의 북쪽 연장선상에 다른 암층이 발달되어 있어, 어떤 종류의 단층이 존재하는가를 암시해 주고 있다. 하지만 이를 결정하기에는 이 지역에 대한 정밀한 조사가 필요하다. 만일 마읍천 역시 단층선곡이라고 하고, 육백산과 진범기 사이에 있는 이 깊은 단층선곡의 침식을 사금산의 평

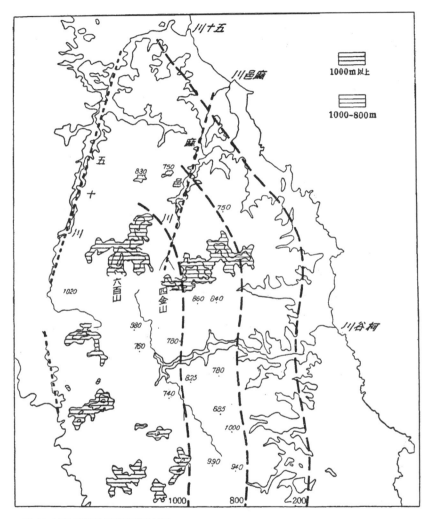

그림 12. 삼척 지방의 고위평탄면 분포

탄면을 연장해 메운다면, 그 침식 이전의 지형은 완전한 하나의 평탄면이었다고 말할 수 있을 것이다. 앞서 말한 절봉면에 나타난 것과 같이 이 부근 동해안 지형에서는 800m 지점까지 고위평탄면을 추적할 수가 있으며, 800m 등고선부터 가파르고 험준한 사면이 형성되어 200m 등고선까지 이어지는데, 바로 그곳에 해안지역의 평탄면이 형성되어 있다.

오십천을 따라 내려가면서 동해안 지역의 저위(침식)면을 보고 싶다고 말한 연전(年前)의 소망이 이번 봄 여행으로 처음 이루어졌다. 4월 9일 오후 황지리[38]를 출발해 처음으로 유평 고개[39]에 올라섰다. 이곳은 노년기 지형과 유년기 지형이 대비되는 곳이다. 또한 단층선곡과 지형회춘의 모형을 보여 준다. 오십천의 두부침식은 극에 달해 1,000m 구간에 200m의 고도 차이를 보이며, 그 사이에 폭포(지금의 미인폭포−역주)가 만들어져 있다. 폭포의 상류, 즉 신둔지[40]의 동쪽은 아직 회춘이 미치지 못했지만 응당 그 지형면에 이어졌을 평탄면이 오십천 한쪽 옆에 돌출해 있으며, 고기[41]를 비롯한 그 밖의 소부락과 이 마을에 속한 경지가 이 위에 펼쳐져 있다. 이렇게 설명하고 있는 바로 이곳에 하천쟁탈이 이미 진행되었고, 신둔지 상류의 물 역시 이전에 남류하여 낙동강으로 유입되던 것이 아닌가 생각된다. 한강이 선행성(先行性) 유로를 유지하면서 감입사행을 형성하던 기간 동안, 오십천 역시 직선상의 골짜기를 만들어 나갔다. 오십천의 본류와 지류에는 규모는 작지만 세 단 이상의 단구군을 식별할 수 있다. 저위 단구는 수십m 높이에 있고, 대부분은 크고 작은 역층으로 덮여 있다. 한강과 같은 대규모의 사행은 없지만, 오십천의 현 유로가 만들어 놓은 골짜기의 하단단구 사이를 사행하고 있다. 따라서 강을 가로질러 건너는 수고는 단구 위나

그림 13. 황지리에서 바라다본 함백산

그림 14. 유평에서 바라다본 오십천

그림 15. 강릉읍에서 바라다본 대관령

하상에서나 마찬가지인데, 삼척읍까지 무려 수십 차례 하천을 건너는 일은 어쩔 수가 없다. 이 고통은 주민의 뇌리에 박혀 있다. 안내하는 인부의 이야 기로는 오십천의 이름 또한 여기서 유래한 것이라고 한다.[42] 삼척읍은 앞서 말한 200m 이하의 저위면 위에 위치해 있다. 이곳 저위면은 완만한 구릉지이다. 멀리서 바라보면 처음에는 거야(裾野)[43]에서 후지 산을 바라볼 때 동쪽으로 완만하게 기운 아름다운 후지 산 사면과 같다고 판단된다. 구릉지의 양쪽 끝은 고도 200m에서 800m까지 펼쳐진 급사면과 연결된다. 황지리에서 삼척읍 사이의 지형은, 내가 경성에서 황지리까지 긴 시간 동안 보았던 지형 변천을 압축해서 한꺼번에 보여 주고 있다.

　동해안 저지대에 아주 넓게 발달한 지형은 강릉읍 부근에서 찾아볼 수 있는데, 이미 21쪽에서 지적한 바 있는 고위면[44]은 대관령을 경계로 동쪽으로는 여러 단의 단구와 선상지로 되어 있다. 금광평 선상지에서 볼 수 있는 것처럼, 새로운 선상지는 아주 오래된 큰 선상지를 자르면서 형성되어 있다.

　동해안 지형의 특색으로 덧붙여 말해 두어야 할 것은 해안단구와 석호 (潟湖)이다. 해안단구는 100m 전후의 것이 많고, 하단 또는 중단의 하성단 구와 이어져 있다. 석호는 강릉 이북 원산 사이에 다수 발달해 있고 대개는 사구(砂丘)에 의해 막혀 있는데, 그 때문에 동해안의 해안선은 한층 더 직 선상으로 나타난다. 석호가 만들어진 것이 단지 사구의 발달에 기인한 것 인지, 아니면 동해 해안선을 따라 나타난 해면승강운동에 의한 것인지는 아직 상당 부분 고려해 볼 여지가 있다.

　거의 기행문에 가까운 이 논문은 수학이나 통계학에 기반한 지형학적 서 술방식을 따르지 않고, 여행 중에 느꼈던 것에 의존해 보완한 것이다. 여기 에 한마디 덧붙이고 싶은 것은 이 지역 지형도의 정밀도에 관한 것인데, 일 반적으로 도로에서 벽지로 나아감에 따라 정밀도가 떨어지는 것은 당연한 일이지만 그 외에도 작도(作圖) 과정에서 개인차가 현저하게 늘어난다. 이 사실은 산지가 많은 여러 장의 지형도를 비교해 보면 명확해진다. 이러한 결함을 보완하기 위해 조선에서는, 특히 평탄면의 경우 현지답사를 해 볼 필요가 있다. 필자의 여행 경험에 비추어 보면 평탄면을 지나치게 과장하 는 경우보다 그것을 지나치게 축소하는 경우가 많다. 평탄면은 우리가 지 도에서 관찰하여 확인할 수 있는 것 이상으로 아름답고 뚜렷하게 발달해 있다.

　경성–강릉 간의 단면에 대해 기술한 곳들을 종합해 보면, 서쪽으로는 표 고 200m 이내의 저위면이 넓게 발달해 있고, 동쪽으로는 동일한 200m 이 내의 저위면이 좁고 길게 발달해 있다. 이 저위면 위를 흐르는 하천을 따라

그림 16. 산성우리(山城隅里) 부근의 해안단구

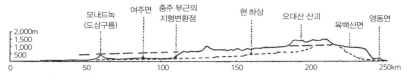

그림 17. 한반도 횡단면의 모식도

산지로 들어가면 대략 3단의 단구가 나타난다. V자 계곡의 양 사면은 요형 (凹形)에서 철형(凸形)으로 바뀌고, 마침내 고위평탄면 위로 올라선다. 그러고는 다시 한 번 그 위에 모내드녹(monadnock, 잔구), 바로 오대산 산괴가 우뚝 솟아 있다. 이 고위평탄면은 태백산–함백산 선을 축으로 동으로 완만하게 기울어져 있고, 800m 등고선부터는 사라진다. 서쪽으로는 한층 완만한 각도로 기울어져 충주 부근에 이르러서는 동쪽과 마찬가지로 700~ 800m 등고선에 이르러 사라진다. 그보다 서쪽에는 여기저기 흩어져 있는 모내드녹에 고위평탄면의 흔적이 남아 있다.

다시 말하면 고위평탄면은 동해와 서해 양 방향에서 깊숙이 잠식되어 가고 있다. 그 결과 한반도의 횡단면 모습은 양쪽의 저위평탄면과 중앙의 고위평탄면, 바로 이것이 조선 지형을 크게 둘로 나누는 단위인 것이다. 그 사이에 여러 개의 단구가 중간적 특성을 유지하고 있을 뿐이다. 만일 이 단구군이 한층 더 대규모로 발달한다면 계단상으로 발달한 산록계(山麓階, Piemonttreppe)[45] 형태를 갖게 될지도 모른다. 그러나 이 횡단면으로부터 판단해 본다면, 오히려 2단의 평탄면으로 개관하는 편이 적당하지 않을까 생각한다. 다시 말해 서쪽의 광대한 주변준평원(Marginal peneplain)과 동쪽의 띠 모양의 소규모 평탄면들이 그 하나인데, 동해안의 것들도 그 특성상 서쪽의 주변준평원과 당연히 대비되는 것이다. 나는 서쪽의 주변준평원을 가칭 여주면이라 부르고, 동해안 쪽 띠 모양의 저위면을 영동면이라고 부르며, 그 양자 사이에 위치한 고위면을 총칭해서 육백산면이라고 부르기로 한다. 여주면과 영동면이 완전히 준평원 단계를 거친 것은 아니라 할지라도, 아주 오래된 소기복면으로 인정하는 것에는 이론의 여지가 없다고 본다. 또한 육백산면이 양쪽 저위면 사이에 있는 분명한 불연속면, 바꾸어 말하면 대규모 지형적 부정합으로서 경계를 이루고 있기 때문에 그 이전의 윤회에 속한다는 사실에 대해서도 이론의 여지가 없다고 생각한다. 그러나 이전 윤회가 어느 정도까지 진행되었는지, 또 어떤 과정을 밟아 높은 곳까지 올라오게 되었는지는 앞으로 연구해야 할 과제이다.

■ 부언: 개마대지의 갑산·장진고원

현윤회의 회춘을 받아들이기에 앞서, 우선 전윤회는 어느 정도 진행되었을까? 전윤회의 평탄면이 굉장히 광대한 면적을 차지하고 있다는 점에서, 또한 대부분의 평탄면이 편마암만으로 이루어져 있기 때문에 침식작용이 비교적 일정한 양상으로 진행되고 있다는 점에서, 우리는 개마대지 남쪽 가장자리에 있는 고위평탄면을 살펴볼 필요가 있다. 이전 교토대학(京都大學) 나카무라(中村)[9] 교수의 글에서 부전령[46] 부근의 고위평탄면과 동해 쪽의 회춘지형이 소개된 바 있다. 이곳은 내가 앞서 이야기한 유평 고개

9) 中村新太郎(1925), 甲山長津高原の南線(地球 第八卷).

보다도 더 큰 규모로 신구 침식윤회가 대비되는 곳임을 확인할 수 있다. 현윤회의 예리한 두부침식이 기세 좋게 오래된 대지 위의 하천을 쟁탈하고 있다. 그뿐만 아니라 유역변경에 의한 인위적 하천쟁탈을 통해 부전령에서 수력전기를 생산하고 있다.

부전령 북쪽의 넓디넓은 평탄면은 한반도에서 고위평탄면으로서는 가장 모식적인 것으로, 현윤회의 회춘이 아직 이곳까지 이르지는 못한 것 같다. 이러한 곳에서는 높은 고도에 있지만 오히려 전윤회 상태 그대로 평탄화가 계속되고 있는 것이 아닌가 하는 생각이 든다. 즉 이곳처럼 대규모 융기운동을 동반한 경우, 평탄면이 반드시 저고도에서만 만들어지는 것은 아니다. 그렇다고 해서 부전령의 평탄면이 원래 현재의 위치에 존재했다고 주장하는 사람은 없다. 말할 것도 없이 아주 낮은 곳에서 상승한 것이겠지만, 상승 당시 적어도 현재보다는 기복이 심한 면을 갖고 있었을 것이다. 상승한 후에도 양쪽에서 시작된 침식의 회춘이 도달할 때까지, 전윤회 상태 그대로 평탄화 작용을 계속 받고 있었던 것은 아닐까?

부전령처럼 전윤회의 평탄화 작용이 한 방향으로 가해져 오늘까지 이어져 오는 지역에서는, 부전강(赴戰江) 하상 고도는 1,250m이고 부전령 도폭의 최고봉이 1,900m를 넘어 하상과 부근 산정과의 고도 차이는 약 650m가량 된다. 하지만 650m의 고도차라도 이곳 평탄면에서는 완만한 경사로 나타날 뿐이다. 물론 이와 같은 지형을 유년기 또는 장년기라고 말할 수 없지만, 적어도 노년기 말기 혹은 준평원화의 완성이라고 말하기에는 거리가 있다. 이 고원을 나카무라(中村) 교수는 갑산·장진고원이라 부르고 있다. 거의 편마암으로 이루어진 갑산장진고원에서만 이 정도의 기복

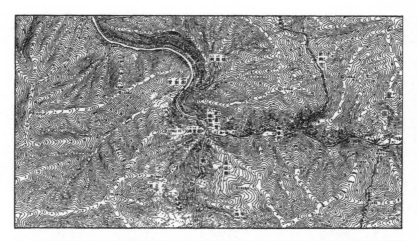

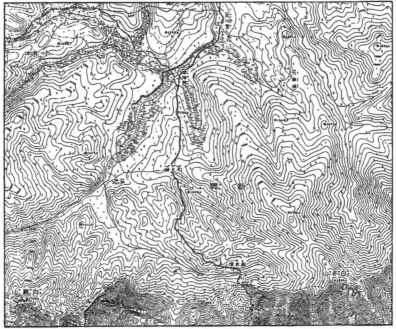

그림 18. 갑산·장진고원의 평지면[하단: 부전령(赴戰嶺) 도폭]과 그것의 회춘지형[상단: 원동리 (院洞里) 도폭]

이 나타난다. 더욱이 강원도처럼 여러 종류의 암층이 발달해 복잡한 지질 구조를 갖고 있는 지역에서는 융기 전 지형의 기복이 훨씬 더 심했을 것이다. 게다가 일본 열도처럼 지각운동이 빈번하게 일어나는 지역에서는, 어느 시기에 어느 정도의 준평원화가 이루어졌는가에 대해 아주 깊이 생각해 볼 문제가 아니겠는가?

준평원화의 완성이라고 말하려면, 강원도에서도 육백산면 위에 다수의 모내드녹, 즉 오대산 산괴가 존재해서는 안 된다. 한반도에서 비대칭성 융기요곡이 일어나기 이전의 지형은 준평원이라기보다 차라리 노년기 어느 단계의 지형이라고 말하는 정도가 아닐까. 지금까지 다수의 지질학자가 생각하고 있는 것처럼 지각운동의 평온한 시기와 격렬한 시기가 서로 교차해 온 것이라면, 즉 전자에 의해 준평원화가 나타나고, 후자에 의해 그것이 파괴된다. 하지만 조선에서는 제1의 시기 즉 준평원화가 완성되지 못한 채, 다시금 제2의 시기 즉 변동기가 닥쳐온 것이다. 조선 전체의 산지에 분포하고 있는 평탄면의 잔존지형에서 판단하건대, 전윤회기에 어느 정도의 평탄화 작용이 진행되던 동안에도 평온기가 계속되어 왔다는 사실을 인정하는 동시에, 준평원의 완성에 도달하지 못한 채 변동이 부활되었다는 것도 확인할 수 있다.

· 첨언 ·

앞서 언급했던 것처럼 경성–강릉의 단면이 조선 지형의 기본형이고, 개마대지부터 고조선 지역에서는 같은 형태의 지형이 대규모로 나타나는 동

그림 19. 압록강 중류의 하성단구[만포진(滿浦鎭)의 남서쪽]

시에 길주−명천 지구대[47] 바깥에 칠보산괴가 덧붙여진 것이라고 생각할 수 있다. 따라서 부전강과 압록강에서도 한강에 대해 말했던 것과 같은 사실을 관찰할 수 있다. 그러나 지형변화는 한층 더 점진적으로 이루어지는데, 부전령에서 북으로 광대리(廣大里), 운산리(雲山里), 능구리(陵口里) 3도폭을 지나 원동리(院洞里) 도폭에 이르러서야 처음으로 급경사의 곡벽으로 둘러싸인 계곡을 볼 수 있다(그림 18). 나는 평북의 고기암층 층서연구를 위해 압록강을 거슬러 올라간 적이 있다. 그때 하안에서 2단의 단구를 관찰했다. 이곳보다 더 하류인 안동−신의주의 평지를 보면서 한강과 마찬가지의 지형변화 단계를 유추할 수 있었다.

3. 평남, 황해 철도 연변의 지형학적 관찰
   (평양-황주-사리원-신막)

　　오늘날에도 여전히 육백산면 위에서 화전민의 원시적 생활이 영위되고 있는 것에 반해, 여주면과 영동면은 예로부터 조선 문화가 배양되고 번창한 곳으로 조선의 정치·산업·경제 등 조선 문화의 견지에서 보면 지극히 중요한 지역에 해당된다. 따라서 조선 철도의 주요 간선로는 이 면 위에 부설되어 있으며, 조선을 여행하는 사람이 차창을 통해 마주하는 산천 풍광 대부분은 여주면과 영동면의 여러 모습들이다.

　　여주면의 하나로 평탄화 작용이 가장 잘 완성되었고 현존하는 준평원 중에서 모형이라 할 만한 것으로는 중화(中和), 역포(力浦)[48] 부근의 평탄면을 들 수 있다. 오래전부터 조선 문화 원류의 한 부분을 이루어 왔던 한(漢)의 낙랑군(樂浪郡) 이름을 따서, 나카무라(中村)[10] 교수는 이 평탄면을 낙

---

10) 中村新太郎(1925), 樂浪準平原(地球 第三卷) 四六四頁.

랑준평원[49]이라고 불렀다. 이 명칭은 지형과 문화의 결합이라는 점에서 흥미로운 것이라고 할 수 있다.

낙랑준평원은 해발 약 25m의 고도를 가진 평탄면으로, 중화와 기양(岐陽) 두 도폭에 걸쳐서 도폭의 반을 점하고 있다. 평탄면 주변에는 어느 방향이라고 할 것 없이 구릉들이 더해지면서 기복이 증대되고, 마침내 엄밀한 의미에서의 평탄면은 서서히 사라진다. 낙랑준평원의 남쪽 가장자리에는 주로 원생대층과 하부 캄브리아기층으로 이루어진 일련의 구릉들이 가로지르고 있다. 그 남쪽에는 황주사과 재배지인 황주준평원이 있다. 이 준평원 역시 낙랑준평원과 같은 형태와 높이를 지니고 있다. 동서 5,500m, 남북 2,500m 길이의 타원을 이루고 있는 이곳에는 오르도비스기층으로 된 비교적 단순한 형태의 구조분지가 나타난다. 그 사이에 겸이포와 천주[50]의 철광이 부존되어 있다. 필자[11]가 이전에 기재한 송림층(松林層)의 타이

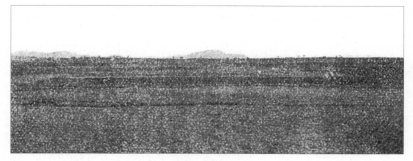

그림 20. 낙랑준평원(역포 부근에서 서북쪽을 조망)

11) Teiichi Kobayashi(1931), Studies on the Ordovician Stratigraphy and Palaeontology of North Korea with Notes on the Ordovician Fossils of Shantung and Liautung(Bull. Geol. Surv. Chosen. (Korea), Vol. XI, No. 1).

브로카리테(基準産地, type locality)도 이 타원 분지의 서북쪽 가장자리에 있다. 이처럼 황주준평원은 농산물과 광산물이 풍부해 특별한 경제적 가치를 지니고 있지만, 층서학자의 입장에서 보면 복잡한 인편구조가 나타나는 낙랑준평원에는 미치지 못한다.

앞서 말한 낙랑준평원 동남쪽 가장자리에 있는 일단의 구릉지 열은 그 자체가 이 부근의 지질구조를 지배하는 인편구조의 인편 하나하나에 해당하는 것이다. 침식에 대한 암석의 저항 차이가 조선의 현 지형을 만든 큰 요인 중 하나인데, 인편구조와 같은 복잡한 지질구조가 유감없이 지형 기복 위에 그 흔적을 남기고 있다. 단지 아쉬운 것은 인편과 인편 사이의 경계를 이루는 중요한 구조선이 종종 고도 25m의 아주 넓은 낙랑준평원 평탄면 아래에 덮여 있어, 강원도의 인편구조처럼 단층을 망치로 두드려 가며 걷는 층서학자로서의 통쾌함을 맛볼 수 없다. 인편구조의 생성 후, 주향단층[51]의 주향을 직각 또는 사각(斜角)으로 자르는 단층군이 생성되어 이곳 지질구조는 점점 더 복잡해졌다. 따라서 인편과 인편 사이의 구조선, 바꾸어 말하면 구릉와 구릉 사이의 요지(凹地)가 단층선인지 아니면 정단층인지 판단하기 곤란한 경우도 적지 않다.

주향을 일정 각도로 자르는 일군의 후생적 단층들은 교통로 발달에 지대한 영향을 끼치기 때문에, 이런 종류의 단층선을 따라 크고 작은 통로가 이어지면서 거기에 철도가 부설되어 있는 예를 적지 않게 찾아볼 수 있다. 한반도에서 여주면과 영동면을 잇는 경원선[52]이 가장 중요한 예이다.

낙랑준평원을 피복하고 있는 토양은 적토(terra rosa)라고 불리는 석회암의 풍화잔류물이지만, 나카무라 교수도 지적했듯이 들판을 걷고 있으면 때

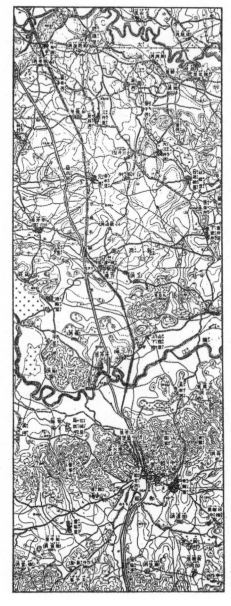

그림 21. 낙랑준평원과 그 위에
있는 잔편구릉

때로 규암 원력(圓礫)이 발견되는 경우가 있어, 그때마다 이 평탄면의 어디까지가 침식면이고 어디까지가 퇴적면인가를 생각해 보게 한다. 25m 고도의 낙랑준평원을 자르면서 대동강과 그 지류들이 흐르고 있고, 하천과 이 평원이 만나는 곳에는 종종 사력층(砂礫層)으로 된 하성단구가 발달해 있다. 시마무라 신베에(島村新兵衛)[12] 학사는 겸이포(兼二浦) 도폭에서 이런 류의 사력층을 고기 하성단구로 분류하였다. 또 낙랑준평원의 동쪽 가장자리에는 가목동에서와 마찬가지로 25m 고도의 평탄면보다 한 단 높은, 고도 50m 이상에 사력층이 발달해 있는 것도 볼 수 있다. 이 경우 50m 면과 25m 면 사이의 불연속성이 인정되며, 50m 면의 역층 아래에는 기반암층이 노출되어 있다. 이와 같은 사력층에서 나타나는 자갈의 대부분은 사암이나 규암으로 된 것이고, 석회암 자갈은 거의 발견되지 않는다. 석회암이 용해되기 쉽지만 파쇄되기 어려운 특성을 감안한다면, 석회암 대지 위에서 하성퇴적물을 쉽게 발견할 수 있다는 사실을 이해할 수 있을 것이다.

준평원 위의 도상구릉이 병법가나 종교인과 특별한 관계를 맺고 있다고 이미 말한 바 있다(15쪽 참조). 평양의 목단대와 을밀대가 요충지로서 군사적 가치가 높다고 말하는 것은, 그 남쪽으로 낙랑준평원과 대동강의 범람원이 펼쳐져 있기 때문이다. 계동(桂東)의 꽃[53]으로 상춘객들을 유혹하는 정방산[54]의 성터도 여기서 빠질 수 없다. 작년 봄 아카시아 꽃이 필 무렵, 정방산괴를 가로질러 황주에서 사리원까지 길을 찾아 걸어갔던 적이 있다. 황주읍 남쪽 준평원 위를 동서로 수십km에 걸쳐 만리장성처럼 우뚝 솟아

---

12) 島村新兵衛(1929), 朝鮮地質圖 第八輯 兼二浦 沙里院及載寧圖幅.

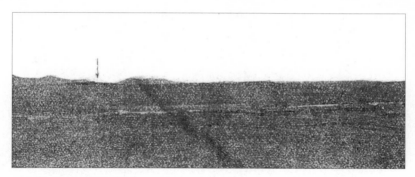

그림 22. 가목동 부근의 사력층

있는 것이 바로 정방산층의 규암류이다. 규암 그 자체가 천연의 성곽을 이루고 있어, 정방산 성지를 둘러싼 성벽은 단순히 개인참호(散兵濠) 정도에 지나지 않는다. 기차를 타고 황주에서 사리원을 향할 때 심촌 부근에서 오른쪽으로 돌아보면, 정방산 규암이 천매암[55] 위에 얹혀 있으면서 커다란 파랑상의 습곡을 이룬 채 남쪽으로 완만하게 기울어져 있는 것을 볼 수 있다. 그리고 왼쪽을 슬쩍 보면, 재령의 기름진 평야를 지나 구릉들이 이어진다. 해주, 재령, 안악, 진남포의 동쪽을 통과하는 길이 약 120km의 대단층선 건너편은 과거 캄브리아–오르도비스기 암석이라고 생각했지만, 오늘날에는 정방산 규암과 함께 원생대의 것으로 확인되었다. 이곳 규암–석회암의 누층군은 화강암의 접촉변성을 받아 완강하게 침식에 저항하고 있다.

　한반도에서 남북방향의 절단면은 중생대의 지각운동을, 동서방향의 절단면은 신생대의 지각운동을 설명해 준다. 따라서 청주 하천변에서 경성에 이르는 구간의 지질단면도를 만들어 보면, 중생대 후반의 대조산운동 결과로 평남지향사가 어떻게 습곡을 받았는지에 관한 대략적인 지식을 얻을 수

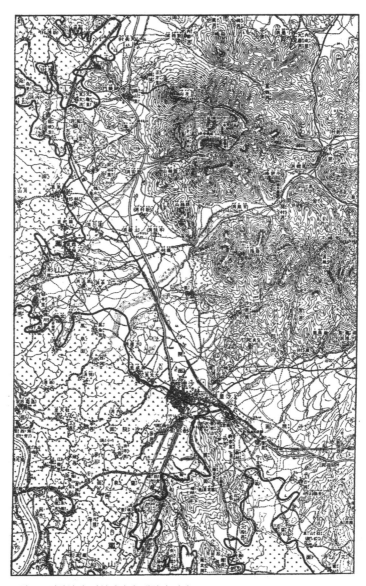

그림 23. 정방산괴, 저위평탄면, 재령강 평야

있고, 어떻게 이러한 지질구조가 현 지형을 지배하고 있는가에 대한 것도 알아차릴 수 있다. 중화 부근의 인편구릉이 그 한 예이다. 사리원에 이르면 경의선[56]은 동쪽으로 방향을 바꾸어 정방산층과 구산층[57] 산체 사이의 주로 석회암류로 이루어진 신막층군(新幕層群) 사이를 누비며 지나간다. 이 부근은 오대산 산괴의 남쪽에 위치해 있고 북쪽의 대규모 교란지역과 대비되면서, 조선 지질구조론에서 특수한 지위를 갖고 있다. 지금까지의 연구 결과에 따르면 그림 24와 같이, 주로 캄브리아−오르도비스기층과 원생대층으로 된 암층이 랴오둥 방향의 대규모 습곡을 반복하고 있고, 이에 따른 다소의 층상단층[58]을 확인할 수 있다. 구산층과 정방산층의 규암 그리고 어쩌면 평안계의 사암도 일부 존재할 수 있다고 생각되지만, 이들 암층이 대규모 습곡의 배사적 혹은 향사적 위치에 노출되면서 사리원 동쪽의 철도변에서 관찰되는 것과 같은 산체를 형성하였다. 이 산체를 한 줄로 죽 이어 놓은 바로 그것이, 고토(小藤) 교수가 「조선산악론」에서 논했던 멸악산맥 등의 동서방향계 산열(山列)을 이루고 있다. 한쪽으로는 안악 동쪽을 달리는 북북서−남남동 방향의 단층이 나타나고, 다른 쪽으로는 추가령지구에서처럼 현무암 분출을 동반한 예성강 하류의 북북동−남남서 방향의 구조선이 나타난다. 이들 단층군 이외에 이미 진술한 바 있는 랴오둥 방향의 습

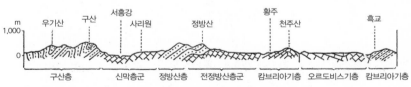

그림 24. 경의선 흑교−사리원 간 선로 동쪽 지역의 지형과 지질의 상호관계

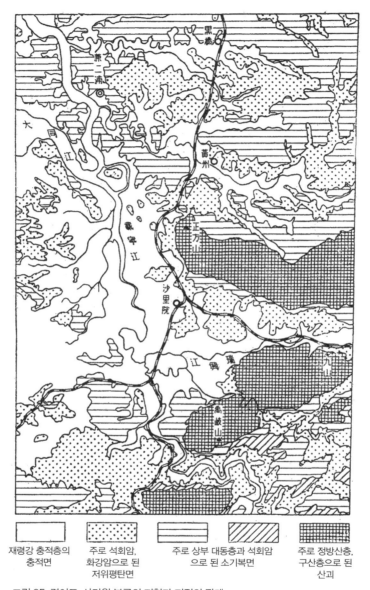

그림 25. 겸이포, 사리원 부근의 지형과 지질의 관계

곡대 스스로도 남북 방향의 완만한 파동을 보이고 있어, 향사 혹은 배사라 기보다는 오히려 좁고 긴 분지와 돔(dome)이라는 단어가 훨씬 적합한 듯한 모양을 이루고 있다. 이러한 파동습곡[59]과 단층변위로 산악이 끊어졌기 때문에, 고토 교수는 남북방향(Lengthweise) 구조[60]라고 표현하기에 이르렀다. 즉 동서방향(Crossweise)의 습곡 방향에 대해 남북방향의 구조선은 이후에 생긴 것이다. 열차가 사리원에서 90°로 방향을 바꾸어, 남북방향에서 동서방향으로 바꾸자마자 바로 재령강의 기름진 평야는 줄어든다. 또한 넓게 발달해 있는 낙랑준평원과 황주준평원의 25m 고도 평탄면은 정방산층과 구산층 사이 신막층군 위의 평탄면으로 이어지면서 그 폭도 줄어들고 평탄도도 감소한다. 나카무라(中村)[8] 교수가 250개의 돌리네를 찾아냈던 신막(新幕) 도폭에서처럼, 때때로 신막층군 위의 소기복면이 제법 넓은 구역을 차지하는 곳도 있다.

■ 부언: 평안남도 북부탄전 지방의 지형

한반도의 교통로는 먼저 남북방향으로 발달한 뒤 동서방향으로 발달하였다. 이와 같은 사실은 지형학적 입장에서 볼 때 오히려 수긍이 간다. 사리원에서 신막으로 갈 때처럼, 동서방향인 서에서 동으로 나아가면 여주면은 차츰 줄어들고 육백산면이 우세해지면서 하나의 거대한 절벽이 동서방향의 교통로 앞에 우뚝 솟아 있다. 충주−조치원 선이나 개천선[61] 역시 이러한 절벽을 마주하게 된다. 개천[62]−충주를 잇는 선은, 내가 이전에 지적했던 것처럼 여주면과 육백산면의 전환점으로서 지형학적으로 중요할 뿐만 아니라 인문지리학적으로도 지극히 중요한 선이다. 조선의 철도는 남북방향으로 발달하였고, 이제 동서방향의 시기로 접어들면서 개천-충주를 잇는 선을 따라 나타나는 절벽에 직면하게 된 것이다. 사리원-신막 사이에서 관찰한 것과 같은 지형발달상의 각 스테이지를 평양-신창리[63], 신안주-개천 사이에서도 관찰할 수 있다.

나는 이전에 평안남도 북부탄전[13]의 하반에 위치한 대석회암층을 답사하기 위해 개천, 덕천, 신창리 방면을 여행한 적이 있다. 평안남도 북부탄전은 자세히 보면 꽤 복잡하지만 전체적으로 보면 하나의 구조분지이며, 평안계, 조선계, 상원계의 순으로 바깥으로 갈수록 오래된 지층이 배열되어 있다. 남만주에서는 고생대 페름-석탄기의 협탄암층군(夾炭岩層群)이 대개 조선계보다 한 단 낮은 구릉을 형성하면서, 딩두옌타이(丁度煙臺)와 우후쭈이(五湖嘴)[64] 등에서 보는 것처럼 배 밑바닥(船底)과 같은 모양을 하고 있다. 하지만 조선에서 평안계 암석은 남만주보다 심한 변동을 받아 경화(硬化)되어 있을 뿐만 아니라, 전반적으로 사암이 많고 특히 협탄층 위쪽에 위치한 녹색암층이라고 불리는 두꺼운 사암층이 존재하고 있다. 따라서 평안계 암석은 침식작용에 완강히 저항하면서, 조선계 위에 우뚝우뚝 솟아 있다. 이러한 특성으로 말미암아 개천-충주 선에서 여주면과 육백산면의 대립은 한층 더 두드러져 보이며, 개천-순천[65] 사이에서는 고도 200m 이내의 조선계 평탄면 앞에 평안계 암석이 우뚝 서 있다. 무진대[66]는 대동강이 이 절벽으로 흘러 들어가는 관문이다. 이곳에서 유로는 동으로 방향을

---

13) 市村毅, 小平亮二, 素木卓二(1927), 平安南道北部炭田地質圖.

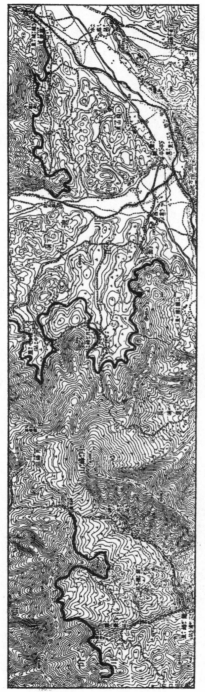

그림 26. 읍하면의 요지(凹地)를 담고 있는 사령봉과 월봉산 서쪽이 완사면(緩斜面)

바꾸고, 북창[67]에 이르러서는 북으로 방향을 바꾼 뒤 덕천[68]에 이르러 재차 동으로 방향을 바꾼다. 평안남도 북부탄전 구역은 크게 보면 하나의 커다란 구조분지이지만, 자세히 보면 그 사이에는 랴오둥 방향, 즉 동서방향을 축으로 하는 향사도 있고 배사도 있으며, 대동강은 배사축을 따라서 흐르고 있다. 그곳에는 여주면의 연장이라고도 볼 수 있는 몇 단의 단구군이 유로의 가장자리를 장식하고 있다. 유로가 한번 남북방향을 잡아 주향을 가로지르는 경우에는 북창리−덕천 사이처럼 깊은 협곡을 형성한다. 협곡을 통과하면 다시 한 번 단구가 나타나고 역층이 넓게 발달해 있다. 이런 역층에서 무언가 포유류의 뼈라도 굴러 나오지 않을까 생각하면서 일하면(日下面) 분지의 사력대지를 걸었던 적도 있었다(그림 27 참조).

그림 28에 나타난 것처럼 이 지역에는 해발 700m 부근에 고위평탄면이 위치해 있다. 그리고 그 위에도 일군의 산체가 존재한다. 또 700m 고위평탄면 아래에는 몇 단의 단구면이 나타나며, 그림 26의 서쪽에서 보듯이 계

그림 27. 덕천군 일하면의 사력층

곡 오지에서는 완사면으로 끝난다. 700m 고도의 평탄면이 직접 육백산 고위평탄면으로 연결되는 것인지, 아니면 육백산면과 여주면 사이의 중간적 성격을 지닌 어느 면이 특히 이 지역에 넓게 발달해 있는 것인지는 더 넓은 범위를 조사해 보지 않고서는 단정할 수 없다. 그러나 여주면보다도 훨씬 높은 곳에 꽤 훌륭한 평탄면이 잔존해 있음은, 이 지역에서 조금 높은 곳에 오르면 누구라도 쉽게 관찰할 수 있는 공통된 지형적 특성이다. 이와 같은 평탄면은 암설(岩屑)의 퇴적으로 인해 더욱더 평탄화가 진전되고 있는 경우가 적지 않다. 이런 암설퇴적물은 급사면에서 가늘고 길게 나타나는 소

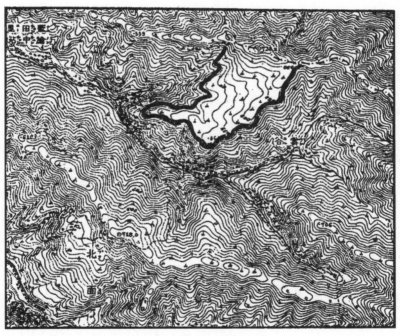

그림 28. 600~700m의 고위평탄면[우일령(憂日嶺) 도폭 북서부]

위 테일러스[talus, 애추(崖錐)]와는 다르며, 엄밀한 의미의 테일러스와 하성단구 퇴적물의 중간적 성질을 지니고 있다.

4. 영일만 지역 및 길주–명천의 신생대 지층과 지형발달사와의 관계

한반도의 평탄면은 육백산면과 여주–영동면의 2단으로 해석할 수 있다. 물론 이들 2단의 면은 단일한 면은 아니고 몇 단의 면들이 모인 것이다. 육백산면은 오래된 면으로, 이 면이 일정 범위에 걸쳐 발달했을 때 대규모 비대칭적 요곡운동이 일어났다. 이로 인해 침식의 회춘이 일어났으며, 그 결과 생성된 것이 여주면과 영동면이다. 요곡운동은 적어도 수차례에 걸쳐 반복된 것이기 때문에, 그때마다 여주면은 변형을 받아 몇 단의 단구면으로 분리되었다.[69] 여주면과 영동면의 생성이 비대칭적 요곡운동에 기인한 것이므로 그 결과 생성된 이 두 면 역시 비대칭성을 지니고 있는데, 여주면은 폭이 넓고 영동면은 좁고 길다.

그렇다면 현 지형을 출현시킨 비대칭성 요곡운동이란 어떻게 이루어진 것일까? 이제 그 운동의 양식, 순서 등을 진지하게 고찰해 보려고 한다. 문제가 여기까지 나아간다면 이는 지각의 형태학 분야만도, 지각의 물질학

분야만도 아니다. 만일 수천m의 낙차를 가진 단층애라 하더라도 그 형태를 파괴하는 데 충분한 시간과 힘이 주어진다면, 이후까지 그 형태가 남아 있을 것이라고 보장할 수 있을까. 또한 클리노미터(clinometer)로 정확하게 측정할 수 없을 정도의 미약한 경동운동이라 하더라도, 수십km 거리에서는 놀라울 정도의 융기량이 나타날 수 있는 것이 아닐까? 이 경우 해머나 경사계로는 확인할 수 없는 형태학만의 독자적 분야가 전개되고 있는 것은 아닐까?

신생대층의 발달이 미약한 한반도에서 이 두 가지 방법을 종횡으로 이용할 수 있는 적당한 필드는 그다지 많지 않다. 이런 견지에서 보면, 영일만[70] 부근과 길주–명천 부근은 두 개의 중요한 거점이 되고 있다. 따라서 한반도의 신생대 지사 연구 역시 이 지역에서 개척되어 왔다.

한반도에 있는 신생대층, 특히 제3기층에 속하는 암층은 동해 쪽과 황해 쪽에 발달해 있다. 그렇지만 황해 쪽의 제3기층에 대해서는 오늘날까지 충분한 연구가 이루어지지 않고 있다. 이와 반대로 동해 쪽의 제3기층은 오늘날 많은 학자들에 의해 정밀조사가 이루어지고 있다.

조선 동해안의 제3기층 연구에 대해서는 무엇보다도 다테이와 이와오(立岩巖)[14] 학사의 연구에 의지하는 경우가 많다. 다테이와(立岩)의 연구를 통해 우선 동해안의 신생대 지사에 대한 일반적인 지식을 얻을 필요가

---

14) Iwao. Tateiwa(1919), Geology of Chang–Gi, N. Kyong–sang–do, Korea(MS.).
立岩巖(1924), 朝鮮慶尙北道延日及長鬐地方の第三紀植物化石(朝鮮博物學會講演集第一輯).
立岩巖(1925), 朝鮮地質圖第二輯延日九龍浦及朝陽圖幅.
立岩巖(1925), 朝鮮地質圖第四輯極洞, 明川, 七寶山及立站圖幅.

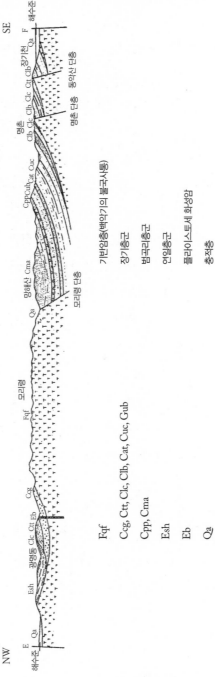

NW

SE

해수준
E
Qa
광명등
Esh
Clc Ctt Eb
Ccg

모리령
Fqf

망해산 Cma
Qa
모리령 단층

CppCub Cat Cuc

명촌
Clb Clc Ctt Clb Clb

장기천
Qa
장기천 단층

F
해수준
명촌 단층
동악산 단층

SE

Fqf   기반암층(백악기의 불국사통)

Ccg, Ctt, Clc, Clb, Cat, Cuc, Gub   장기층군

Cpp, Cma   범곡리층군

Esh   연일층군

Eb   플라이스토세 화성암

Qa   충적층

그림 29. 연일지방 제3기층 지질단면도[디테이오(立岩) 학사로부터]

있다.

경주와 불국사의 명승은 신라왕조 시대의 유적으로 조선 여행 중 한 번은 반드시 방문해야 하는 곳인데, 이를 뒤로하고 남쪽으로 내려오면 울산 부근에 제3기층이 상당히 넓게 발달해 있는 것을 볼 수 있다. 다테이와의 연일(延日), 구룡(九龍), 조양(朝陽) 3도폭에 대한 조사에 의하면, 제3기층을 연일통과 장기통으로 크게 나누고 있다. 후자는 다시 한 번 장기층군(長鬐層群)과 범곡리층군(凡谷里層群)으로 나누어져 있다. 중생대 말엽 불국사통의 산성 화성암이 분출·관입하였고, 그 후 육화된 이들 암층의 침식면 위에 다시 퇴적된 것이 장기층군이다. 두터운 역암을 시작으로 사암, 혈암, 응회암 이외에 안산암, 현무암, 조면암 등의 분출까지 동반되어 약 1,500m에 달하는 두꺼운 층이 생겨났다. 다시 침식기를 거친 후, 범곡리층군으로 일괄되는 안산암류와 이에 동반된 응회암이 덮고 있다. 장기층군에서 산출된 장기 식물군(flora)에 현생종이 섞여 있는 점으로 보아, 알래스카의 케나이 식물화석보다 약간 젊은 올리고세(Oligocene) 무렵의 산물이라고 생각된다.

장기통 이후 그리고 연일통 이전은 조선 제3기 지사 중 특별히 지적되어야 할 지각운동 시기로, 장기통은 동쪽이 내려앉은 북동방향의 단층운동과 함께 북서방향의 경동을 받았다. 이 운동 후 연일통은 장기통과 그 밖의 암층을 덮어 수평층을 이루고 있지만, 특이하게도 그 주변부에서는 수십 도의 경사를 보이고 있다. 연일통의 하부는 천북역암, 상부는 연일혈암으로 불리며, 합해서 600m 이내의 두께를 지니고 있다. 연일층의 식물화석은 처음 야베(矢部) 교수에 의해 연구되어 플라이오세로 동정되었다. 그러나 다테이와는 나토르스트(A. G. Nathorst)의 연구에서 요코하마(橫濱) 식물군, 시오바라(鹽原) 식물군, 모테기(茂木) 식물군과 같이 상부 플라이오세 식물군은 현재보다도 조금 한랭한 기후를 나타내고 있는 데 반해, 연일통의 식물화석은 현재 연일통 발달 지역보다 조금 온난했다는 사실에 근거하여 플라이오세와 구별해 하부 플라이오세 또는 마이오세라고 주장했다.

작년 여름 도쿠나가(德永) 박사는 만주와 조선 여행 도중 이 지역을 방문하여, 경주–포항 간의 연일혈암 중 이회암(泥灰岩, marl)에서 그리고 영일만 동쪽 해안의 포항과 영일만 해안의 연일통 혈암에서 개각(介殼, 조개)화석을 채집한 바 있다. 박사의 호의로 채집된 화석을 볼 수 있었는데, 일본열도 신제3기층에 널리 분포하는 Thyasira–Phacoides fauna(조개)에 속하는 형태였다.

연일통의 퇴적 후 필시 플라이스토세에 이르러, 고토(小藤) 교수의 한산계, 즉 북동–남서 방향의 열극분출(Fissure eruption)[71] 결과 현무암과 안산암이 흘러나왔고, 이를 자르면서 하성단구와 해성단구 군이 형성되었다.

길주–명천 지역은 앞서 다테이와와 야마나리[15] 두 사람의 지질도폭 조사가 있었고, 근자에는 시라기(素木)[16] 학사의 탄전조사 결과 더욱 분명하게 밝혀졌다. 다테이와는 이 지역의 고기제3기층(이후는 Palaeogene의 고제3기가 아니고, 조선에서 오래전부터 사용하던 방식인 제3기층의 의미로 고기제3기층이라고 부른다)을 둘로 나누어 오래된 것은 용동층군, 새로운 것은 명천층군이라고 했다. 전자는 육성층으로 생각되는 사암과 혈암

---

15) 山成不二麿(1925), 朝鮮地質圖第三輯下鷹峰, 吉州, 泗浦及臨溟圖幅.

16) 素木卓二(1930), 鏡城郡內有煙炭諸炭田(朝鮮炭田調査報告 第六卷).

의 누층으로 시작하여 알칼리 현무암으로 끝난다. 후자는 두꺼운 역암층으로 시작하여 역암, 사암, 혈암과 약간의 화성암 관입암과 분출암을 동반한 1,800m 두께의 대규모 누층이다. 양자 모두 식물화석을 산출하고 있고, 앞서 기록한 장기 식물군과도 밀접한 관계를 가지고 있다. 하지만 용동 식물군에는 현생종이 섞여 있지 않다는 점에서 장기 식물군보다 젊지 않으며, 또한 명천 식물군은 고제3기에 포함되어야 하는 것으로 장기 식물군보다 오래되지 않은 것이라고 말할 수 있다.

또한 명천층군은 해성 개각화석을 산출하고 있는데, 마키야마(槇山)[17] 박사의 연구에 의하면 하부 평육동층은 상부 에오세의 것으로 자바나 인도의 같은 시기 동물군과는 상이하고, 중간에 있는 함진동층 동물군은 도키와(常盤)의 천폐층(淺貝層)과 함께 북아메리카 오리건의 팔레오세 동물군에 해당하며, 상부 만호층의 동물군은 북아메리카 마이오세, 팔레오세 두 시기 동물군과 같은 유형으로 하부 마이오세보다 젊지 않은 것이라고 한다. 최근 다케야마 도시오(竹山俊雄)[18] 학사는 명천층군 하부인 평육동층에서 미마사카(美作, 지금의 오카야마 현 북동부), 빗추(備中, 지금의 오카야마 현 서부), 빈고(備後, 지금의 히로시마 현 동부)의 식월통(植月統)에서 나오는 것과 같은 Vicarya callosa[72]가 산출되므로, 이 층은 하부 마이오세에 속한다고 지적했다. 이런 생각에 의하면 명천층군의 상부와 중부는 더욱 젊어지지만, Vicarya callosa는 팔레오세와 마이오세에 걸쳐 서식했던

---

17) Jiro Makiyama(1926), Tertiary Fossils from North Kankyo-do, Korea(Mem. Coll. Sci. Kyoto Imp. Univ., Ser. B, Vol. II, No. 2).
18) 竹山俊雄(1931), 本邦産ヴィカリアに就いて(地質學雜誌 第三十八卷).

표 1. 영흥만, 경상 양 지방의 신생대 지사

길주–명천 지역	연일만 지역	지역/시기
플라이스토세		홀로세
저위단구면		
안산암, 현무암 유출		플라이스토세
산록면의 형성		
경성계 단층운동	?	
칠보산층군 누적	연일층군 퇴적	마이오세 중엽 이후
대지각운동(함경계, 기타 단층군 형성)		
	범곡리층군	
명천층군		고기제3기 (마이오세 중엽 이전)
	장기층군	
용동층군		
준평원화 작용		

고등들이기 때문에 평육동층의 시기에 대해 조금 유연하게 생각하더라도 큰 문제는 없을 것이다. 그러나 적어도 평육동층 동물군과 자바와 인도 등 남방의 동물군과의 어느 정도 예상할 수 있는 관계는 부정할 수 없다. 이러한 다테이와(立岩)의 식물군 연구, 마키야마(牧山) 박사의 동물군 연구, 다케야마(竹山)의 Vicarya 연구 등으로 판단해 보면, 명천층군에 관한 시기 논의는 아직 제자리를 잡지 못한 듯하다. 그러나 명천층군을 팔레오세 내지 마이오세의 천해성(淺海性) 혹은 일부 육성 퇴적물로 본다면, 명천층군 시기에 관한 이상의 논의가 틀린 것만은 아니다.

명천충군 퇴적 이후는 한반도 신생대 대규모 지각운동 시기 중 하나인데, 개마대지 동쪽 가장자리의 고기제3기충은 인장응력(Tension stress)[73]에 의한 것으로 생각되는 단층운동 때문에 서쪽이 내려앉는 단층을 형성하면서 동쪽으로 경동하였다.

이 운동이 진행된 이후 강력한 침식작용이 가해진 다음 비로소 칠보산충군으로 일괄되는 알칼리암과 응회암류가 분출되어 쌓였다. 이들 암석의 기저면은 꽤 평탄한데, 칠보산충군 전에 생성된 단층을 부정합으로 덮고 있어 평탄화 작용의 정도를 추정해 볼 수 있다.

칠보산충군 이후 어쩌면 플라이스토세에 이르러서도 현무암이 분출되어, 칠보산충군이 삭박되면서 생겨난 훨씬 저위의 평탄면 위를 넓게 덮었으며, 이 현무암층을 자르면서 그 위에 하성단구와 현재의 충적층이 발달해 있다.

시라기(素木)는 이 지역의 협탄층 퇴적과 지형발달사에 대해 흥미로운 생각을 발표하였다. 이 지역의 가장 오래된 제3기층, 즉 용동층이 퇴적될 당시 전반적으로 준평원화가 이루어졌다는 사실은 용동층의 기저 형태에서 확인할 수 있다. 용동층의 퇴적암류가 쌓이고, 잇따라 용동 알칼리암이 분출하였다. 그림 30의 (1)이 당시의 지형을 보여 주고 있다. 이 층이 퇴적된 이후 명천충군의 두꺼운 층이 평육동층, 함진동층, 만호층의 순서로 퇴적되었다. 그림 30의 (2)는 평육동층이 용동층을 오버랩(overlap)하면서 퇴적된 당시의 모습을 보여 주고 있다. 만호층 퇴적 후 다테이와(立岩)가 말하는 소위 함경계[74]의 단층운동이 발생하여 동쪽으로 기울고 서쪽이 내려앉는 단층에 의해 잘리면서 다수의 지괴로 나누어졌다. 그림 30의 (3)은 이

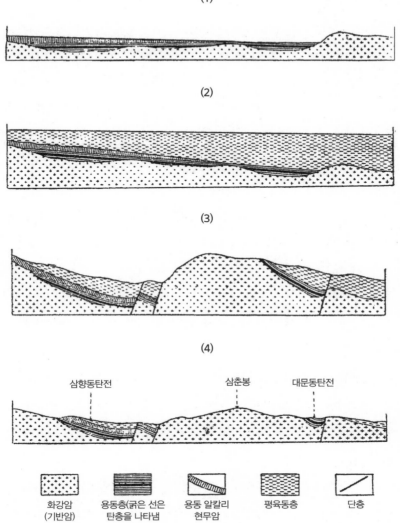

(1)

(2)

(3)

(4)

삼향동탄전   삼춘봉   대문동탄전

| 화강암 (기반암) | 용동층(굵은 선은 탄층을 나타냄) | 용동 알칼리 현무암 | 평육동층 | 단층 |

그림 30. 신생대층과 지형발달사의 견지에서 본 길주-명천 지방의 서북부[시라기(素木) 학사로 부터]

운동 종식 후를 나타내고, 그림 30의 (4)는 현 지형을 나타난다.

각 운동의 종식 후 상당한 규모의 침식작용이 진행되었고 그 후 칠보산 층군의 알칼리암류가 분출되었다는 사실은, 이 지역의 알칼리암류의 기저 면이 평탄하다는 것 그리고 길주-명천 대단층선과 무관하게 분출되었다 는 점으로 증명된다. 알칼리암 기저는 평평하다고 말할 수 있겠지만, 자세 히 살펴보면 완만한 파상을 그리고 있다. 이 파상면이 현무암류의 분출 당 시 존재한 것일까? 아니면 평탄면이 생성되고 그 후 완만한 파동이 형성되 었다는 두 단계로 분리해 볼 수 있을까?

명천층군이 해침(海浸)의 영향을 받았기 때문에 적어도 그 대부분이 해 면 아래에서 퇴적된 것으로 추정된다. 그러나 칠보산층군은 주로 화성암류 이기 때문에 해면으로부터 상당히 높은 곳에서 분출했던 것으로 생각해도 별 문제가 없다. 따라서 분출 당시부터 현재의 높이와 거의 같은 높이였는 지, 아니면 그 후에 융기가 어느 정도 일어났는지를 판단하기란 좀처럼 쉽 지 않다.

칠보산층군의 현무암류가 분출되고, 이후 경성계(鏡城系)라고 불리는 동서방향이면서 대체로 북쪽이 내려앉은 단층운동이 일어났다. 이 운동으 로 인해 지괴는 다소 경동되었겠지만, 어쨌든 칠보산층군 이전의 대단층운 동과는 비교가 되지 않을 정도로 미약했다.

플라이스토세에 분출된 것이라고 생각되는 한층 더 젊은 현무암류는 이 경성계의 단층까지도 부정합으로 덮고 있다. 플라이스토세의 현무암류 하 부에 시라기(素木)가 남대층(南大層)이라고 부르는 사력층이 발달해 있는 경우가 있다. 적어도 이 시기 현무암이 분출할 당시에는 현재와 거의 유사한 지형을 이루고 있었을 것이다. 이 현무암류를 따라 서쪽의 사면을 오르면 높은 대지 위에 서게 된다.

플라이스토세의 현무암류를 파고들면서 흐르는 현재 하천의 범람원 위에는 높이 약 20m 이내의 하성단구가 발달되어 있는 곳이 적지 않다. 일반적으로 현무암의 기저면보다 한 단 낮은 곳에 하성단구가 있는 경우가 많다.

길주-명천 지역, 강릉-삼척 지역, 영일만 지역 등 세 지역에서 우리가 관찰한 일군의 하성단구와 해안단구는 한반도의 동해 연안 지역, 즉 영동면의 마지막 모습으로 드러나 있다. 하단의 단구군이 생성되기 전인 플라이스토세에는 경성계, 한산계 등의 단층선을 따라 현무암과 안산암이 분출하였다. 현무암류는 칠보산층군 분출 후의 평탄면, 즉 당시의 산록면 위에 분출하였다.

두 번째로, 영일만 가장자리의 연일통이 평탄화 작용을 받았다고 단언하기에는 아직 시기상조일지도 모르겠지만, 그림 29의 단면도를 보면 연일통을 자른 평탄면이 존재했다는 사실을 어느 정도 확실하게 인정할 수 있다. 범곡리, 효동리, 기구리 등 불국사통 산릉의 동쪽에 산재한 연일통의 천북역암(川北礫岩)을 보면, 그곳 역시 산록면의 발달을 인정할 수 있는 것은 아닐까?

세 번째로, 천북역암 기저의 파상 기복과 칠보산층군 기저의 파상 기복은 장기-명천층군 퇴적 이후의 단층운동 다음에 형성되었고, 더욱이 그 단층에 의해 양쪽 지괴의 높이 차이가 현저하게 감소된 파상의 기복면이 존재하고 있다. 이와 같이 신구 3단의 평탄면 혹은 소기복면과 영동면과 여주면을 특징짓는 상·중·하 3단의 단구군과의 대비는 조선 신생대 지사와 지형발달사의 상호관계를 더듬어 찾아가는 데 가장 주목할 만한 사항에 속한다고 필자는 믿고 있다.

5. 신생대 지사와 지형발달사로 본 한반도와 그 주변

한반도의 중생대 지사는 트라이아스기에 평북지괴, 평남지향사, 경기지괴, 옥천지향사, 영남지괴라고 불리는 남북방향으로 배열된 3개의 정(正)의 요소와 그 사이에 있는 부(副)의 요소가 발달하기 시작했고, 쥐라기에는 평남지향사에서 랴오둥 방향의 습곡운동이, 그리고 옥천지향사에서 중국 방향의 습곡운동이 일어났으며, 그 후 백악기에 대규모의 화성활동(火成活動)과 대마분지의 생성으로 끝이 났다.

지질구조 단위들과 이를 구분하는 중요한 지질구조선이 중생대까지는 위선적 배열(Equatorial arrangement)을 이루었지만, 신생대에 이르러서는 어찌 된 일인지 지질구조선들이 이들 단위와 사교(斜交)하거나 혹은 자오선적 배열(Meridional arrangement)을 하게 되었다. 이는 단지 한반도만의 문제가 아니다. 포사마그나[75]의 탄생 및 간토(關東) 산괴의 서남 일본과의 분리 문제, 서남 일본 외대(外帶)에 대한 류큐호(琉球弧)의 관계 등 일본 열도에서도 여러 가지 문제들과 관련이 있다. 이와 같은 여러 문제들, 그리고 동아시아 신생대 구조론에서 여러 가지 모습으로 드러나게 된 위선적 배열에서 자오선적 배열로의 전환이 어떻게 발생했느냐의 문제는 우리 동아시아 지질학자에게 주어진 커다란 과제 중 하나이다.

한반도에서 무릇 언제부터 이러한 전환이 일어났는가를 말할 수 있는, 확실한 시점을 밝힌다는 것은 힘든 일이다. 한반도가 백악기 말엽 혹은 제3기 초기에 어떻게 지각운동을 경험했는가는, 한반도와 같이 제3기층의 분포가 넓지 않은 곳에서는 쉽게 결정할 수 없다. 예를 들어 이 책 27쪽에서 진술한 것과 같이 강원도 동편에는 남북 및 이에 비스듬히 달리는 단층망이 존재하고 있으며, 이 중에는 석영반암 맥이 관입해 있는 곳도 있다. 이러한 류의 단층군은 백악기 신라통(新羅統)을 자르고 있기 때문에 그 이후에 생성된 것이라고 판정할 수 있지만, 제3기층이 결여되어 있기 때문에 단층 생성시기의 상한을 정할 수는 없다. 그래도 육백산면에 단층이 나타나지 않는다는 점에서 보면, 이러한 오래된 단층군은 적어도 고위평탄면의 생성 전에 단층운동이 있었다는 사실을 암시해 주는 것은 아닐까?

조선에서의 백악기 말, 신생대 초기의 해퇴운동(海退運動)은 북규슈와 홋카이도에 비해서도 특히 두드러졌는데, 그 사이의 퇴적물이 결여되어 있기 때문에 신생대층과 중생대층은 확연하게 구분된다. 이러한 대규모의 단절이 침식만을 의미하는가, 아니면 단층과 같은 지각운동의 동반을 의미하는가는 중대한 문제일 수 있다. 하지만 단층운동의 존재 여부는 다음으로 미루고 침식작용이 어느 정도 진행되던 시기에 한반도의 고기제3기층은 퇴적되기 시작했고, 그 후 육상에서는 오랫동안 평탄화 작용을 계속해서

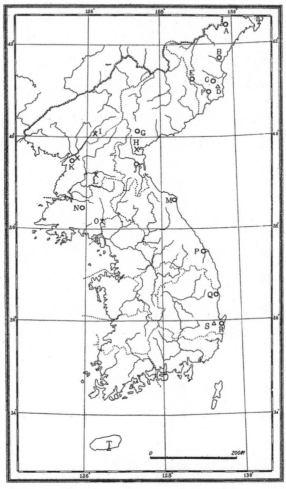

○ 고기제3기층	A 회령	F 길주	K 안주	P 삼척
△ 신기제3기층	B 나남	G 신흥리	L 성천	Q 영해
× 이탄층	C 명천	H 정평	M 통천	R 장기
× 석회암동굴	D 칠보산	I 구장리	N 봉산	S 연일
(포유류의 유골 산출)	E 합수	J 고원	O 계정	T 서귀포

그림 31. 조선 신생대층의 분포

받아왔던 것이다.

고기제3기층은 한반도의 동쪽 가장자리 비교적 작은 구역에 분포하고 있지만, 꽤 여기저기에 산재해 있다. 고기제3기층은 영일만에서 북쪽으로 영해, 삼척, 통천[76], 신흥을 지나 길주, 명천에 이르고, 다시 회령 방면으로 까지 이어진다. 이곳 고기제3기층 중에는 유연탄이 매장되어 있는 것도 있기 때문에 경제적으로 중요한 암층의 하나이다. 따라서 통천, 회령에 대해서는 이치무라 즈요시(市村毅)[19] 학사의 보고가 있고, 신흥리[77]에 대해서는 다테이와(立岩)[20]의 보고가 있다. 이들 연구에 의하면, 협탄층은 용동층군에 대비할 수 있는 하부층과 명천층군과 장기층군에 대비되는 상부층으로 이루어져 있다. 하부층은 북쪽 구역으로 넓게 발달해 있고 전체적으로 육성층인 데 반해, 상부층에는 식물화석뿐 아니라 천해성(淺海性) 개각화석도 부존되어 있다. 따라서 상부층의 가장자리를 따라 동해안 고기제3기층을 연결하는 선은 당시 해안선과 거의 일치하는 것이 아닐까 하는 상상을 해 보게 된다.

이런 상상을 뒤엎으면서 조선 신생대 지사와 지형발달사의 관계에 대해 새로운 지평을 열어 준 것이 바로 봉산탄전(鳳山炭田)의 해성층(海成層)이다. 봉산탄전의 제3기층은 필자가 49쪽에서 진술했듯이, 황해도 사리원의 동쪽 옆에 있는 경의선 북쪽에 위치해 있다. 시노하라 쇼타로(篠原正太郎)의 조사에 의하면, 봉산탄전의 제3기층은 신막층군 위에 퇴적되어 있고

---

19) 市村毅(1926), 會寧有煙炭炭田(朝鮮炭田調査報文 第一卷).

　市村毅(1927), 通川有煙炭炭田(朝鮮炭田調査報文 第三卷).

20) 立岩巖(1926), 新興, 古土水, 元平場, 五老里, 咸興及西湖津圖幅(朝鮮地質圖 第六輯).

서북쪽으로 완만하게 기울어져 있는데, 북동-남서 방향의 단층에 의해 북서쪽 가장자리가 심하게 요곡되어 있다. 여주면에 속하는 신막층군 위의 평탄면은 이곳 제3기층을 자르고 있다.

이 지역의 제3기층은 사방 1리에도 미치지 못할 정도로 협소한 구역을 차지하고 있을 뿐이다. 하지만 식물화석, 포유류, 개각화석 등 여러 귀중한 화석을 포함하고 있기 때문에 지사학적으로 중요한 열쇠라고 말할 수 있다. 작년 도쿠나가 시게야스(德永重康)[21] 박사가 이 지역에서 발굴한 무소의 화석을 보고하면서, *Mya* aff. *crassa* Grenwinck 등의 화석 발굴도 함께 발표하였다. 나는 도쿠나가 박사의 호의로 탄층 바로 아래 6m 두께의 사암에서 개각화석을 볼 기회를 가졌지만, 마이아(Mya) 이외에도 *Turritella importuna* Yokoyama, *Calyptrea* aff. *mammilaris* Born(천개층에서 나오는 것과 거의 유사하다), *Venus torrna* Yokoyama, *Venericardia* sp. 등이 나타난다. 마이아는 도키와(常盤) 탄전의 천개층에서 다량 산출될 뿐만 아니라, 다른 종들 역시 요코야마(橫山)[22] 교수의 천개층에서 나온 것들과 같다. 조선지질조사소가 소장하고 있는 봉산탄전에서 나온 표본에는 *Mactra* aff. *dunkeri* Yokoyama가 응회암질 사암에 다수 부착되어 있었다. 이와 같은 해성 동물상을 통찰해 보면, 전체적으로 천개층 화석과 밀접한 관계가 있다는 사실을 부정할 수 없다. 도쿠나가 박사가 연구했던 봉산탄전의 무소가 조금 오래된 형태라는 것 역시 이러한 사실을 확인해 준다.

---

21) S. Tokunaga(1926), Fossil of Rhinoceratidae found in Japen(Proc. Imp. Acad. II, No. 6).
22) M. Yokoyama(1925), Molluscan Remains from the Lowest Part of the Jo-Ban Coal Field (Jour. Coll. Sci., Tokyo Imp. Univ., Vol. XLV, Art. 3).

이전에 마키야마(槙山) 박사가 연구했던 명천충군의 상부, 즉 만호충의 생성 당시 바다는 홋카이도와 사할린에 이르기까지 천개층을 발달시켰고, 이 해침의 최성기에는 오늘날 한반도 척량산맥의 위치를 훨씬 넘어 황해도까지도 침입하였다. 또한 마이오세 해침이 남쪽[78]에서 최고조에 달했고, 주코쿠(中国) 지방을 지나 길주–명천 방면으로까지 이어졌다는 사실 역시 명천충군에서 *Vicaryia callasa*가 산출되는 것으로부터 추정할 수 있다.

이전에 야베(矢部)[23] 교수가 규슈의 신생대 지사에 관한 연구를 발표하면서, 오늘날 어떤 퇴적물도 남기지 않고 있는 고기제3기층이 규슈 외곽에 퇴적되어 있을 것이라고 추측한 적이 있다. 이러한 추측이 단순한 상상에 불과하거나 무리한 가상이라고 생각하는 사람도 있을지는 알 수 없다. 하지만 필자는 한반도의 신생대 지사를 고찰하면서, 이런 류의 가상이 충분한 가능성을 지니고 있을 것으로 확신한다. 여하튼 우리는 융기지역에서의 침식력을 지나치게 가볍게 예측하는 경향이 있다.

필자는 여기서 이와 같은 마이오세 해침이 조선 전체를 덮었다고 생각하는 것은 아니다. 용동층군이 퇴적될 당시 이 지역은 이미 상당히 평탄화되었으며, 이후 평탄화 작용은 더욱 진전되었다. 이러한 소기복 사이에 해수가 침입했던 것이다. 혹은 쓰야마(津山)의 마이오세 해침에 대비되는 천해성 다도해가 아니었는지 알 수 없다. 그리고 바다가 도달하지 않은 곳에서도 많은 호소퇴적물(湖沼堆積物)이 생성되었던 것이다. 그 결과 오늘날 우리 눈앞에 펼쳐져 있는 것보다 훨씬 더 넓은 범위에 걸쳐 고기제3기층이 피

---

23) 矢部長克(1926), 第三紀及其の直後に於ける九州地史の大要(地理學評論 第二卷).

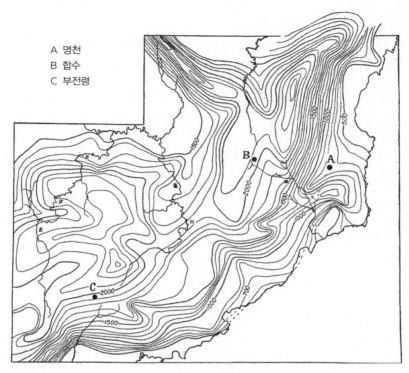

A 명천
B 합수
C 부전령

그림 32. 개마대지의 절봉면

복되어 있었음이 분명하다. 이후 오랜 기간 동안 침식작용을 받았다. 우리
는 동해안 전역에 걸쳐 이 퇴적물의 잔존물을 확인할 수 있다. 개마대지 위
에도, 함경북도 길주군 합수에도 고기제3기층이 나타나며, 부전령 수력발
전소 공사 중 현재 소택지로 되어 있는 대지 위의 와지(窪地)를 굴착해 유
연탄층이 부존해 있음을 확인하였다(그림 32). 이와 같은 사실을 종합해 보
면 고기제3기층이 당시 상당히 넓은 면적을 차지하고 있다는 사실, 그리고

만약 마이오세 바다가 조선 전체를 덮지는 않았다 하더라도 해침이 최고조에 달했을 당시에 황해도 봉산탄전 부근까지 바다가 침입(Ingress)했을 가능성이 있다는 사실은 쉽게 인정할 수 있다.

신생대 마이오세 대해침 이후 상당한 정도로까지 준평원화되었던 평탄면이 융기운동을 시작했다. 즉 명천-장기층 퇴적 이후 대규모 단층운동이 일어났는데, 특별히 동해안을 따라서만 당시의 단층계가 활동했던 것은 아니고 조선 전체에 걸쳐 무수히 많은 단층군이 생성되었다. 부전령과 합수의 고기제3기층이 대지 위로 들어올려진 것은 적어도 이 단층운동 이후의 일에 속하기 때문에, 조선 지형발달사 연구는 이곳에서 출발한다고 해도 이상할 것이 없다. 따라서 조선 지형의 형성 역시 그다지 오래된 것이 아닐지 모른다. 하지만 이곳에서 한층 더 주의를 기울이지 않으면 안 되는 것은, 조선호(朝鮮弧)와 조선의 척량산맥이 평행하기 때문에 척량산맥의 융기가 바로 조선만(朝鮮灣)의 생성으로 이어진다고 말하는 것이다. 하지만 백악기 말엽에 지각운동이 있었는지의 여부가 판명되지 않은 오늘날, 당시에 조선호의 형성이 완료되었는지 아닌지를 단언하는 것은 시기상조이다. 그렇지만 적어도 대마분지의 퇴적물을 살펴보면 조선호의 생성을 중생대까지 거슬러 올라갈 필요는 전혀 없다.

지질학적 의미에서 조선호에 대해 이러한 의문이 있는 것과 마찬가지로, 지형적 의미에서도 한 가지 의문이 있다. 그것은 다름 아니라, 조선 지형발달사의 발단은 고기제3기층 퇴적에 이어 단층운동 이후의 일일 수밖에 없지만, 과연 그 직후에 일어났는지 아니면 어느 정도 이후의 사건인지에 관한 의문이다. 고기제3기층의 단층운동 후 평탄화 작용이 이루어졌겠지만,

이 평탄화 작용은 어느 정도로 이루어졌을까? 바꾸어 말하면 칠보산층군과 연일통 기저에서 확인되는 파랑상의 기복이 당시의 산록면(山麓面)으로서 개마대지와 척량산맥의 동남쪽에 전개되어 있었을까? 아니면 당시 준평원화가 다시 한 번 넓은 지역에 걸쳐 완성되었고, 그 이후 요곡운동에 의해 현재의 높은 대지와 척량산맥이 생성되었을까? 이러한 의문은 지금까지 계속되고 있다.

준평원화, 마이오세 해침, 단층운동, 이후의 평탄화 작용과 연일통의 해침, 생성된 평탄면의 융기운동이라는 지각운동과 침식의 여러 단계가 존재하고 있다. 여기서 문제는 평탄화 작용의 범위, 즉 육백산면의 시대론(형성 시기에 대한 논의)에 있다. 평탄화 작용의 범위에 대한 논의는 평탄면의 대비, 즉 평탄면의 생성 후 융기운동의 양식에서 큰 차이가 나타날 수 있다. 이러한 문제는 아직까지 충분히 해결되지 않은 조선 지형발달사에서 중요한 문제이지만, 주코쿠(中国) 지방의 준평원에 관한 시대론처럼 금후 층서학자와 지형학자들이 매우 신중하게 다루어야 할 논점의 하나라고 생각한다. 야베(矢部)[24] 교수는 일본 동북부를 산지대(山地帶), 마에나리타면(前成田面, PN), 다마면(多摩面, T), 무사시노면(武藏野面, M)의 4요소로 구분하였다. 한반도에서도 육백산면 아래에 3단의 단구군이 나타나고 있다. 하지만 육백산면의 시대론에 대해 오늘날까지 크고 작은 의문점이 남아 있기 때문에, 이들 면과 면을 비교하는 작업은 아직 시기상조가 아닐까 한다. 하지만 그와 같은 단구군이 한반도의 대규모 비대칭적 요곡운동

---

24) H. Yabe(1926), Geological Age of the Latest Continental Stage of the Japanese Islands(Proc. Imp. Acad. V, No. 9).

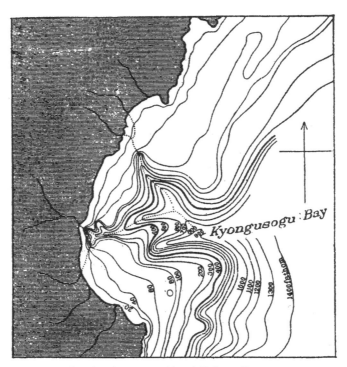

그림 33. 경성만의 익곡[야베(矢部) 교수, 다야마(田山) 학사로부터]

의 산물이며, 야베[25] 교수와 다야마(田山)에 의해 확인된 바와 같이 경성만 (Kyongusogu Bay)[79] 해저에 익곡이 존재하는 것(그림 33)으로 보아 이전 에 일본 열도에 대해 이야기되었던 것과 같이 지표의 정부(正負) 변화가 한 반도의 동해 해안선에서도 어느 정도 나타나는 것은 아닌가 생각된다.

한반도 신생대 지사에서 드러난 크고 작은 해침과 함께 육지에서도 크고

---

25) H. Yabe and R. Tayama(1929), On Some Remarkable Examples of Drawned VaJleys found around the Japanese Islands(Record of Oceanographic Works in Japan, Vol. II, No. 1).

작은 침강(沈降)이 있었을 것이다. 그럼에도 불구하고 이 모두를 통산해 보면 동해 해안선과 거의 같은 선을 축으로 해서 육지 쪽에 융기가 있었고, 해저 쪽에는 침강이 나타났다. 그것은 아마 그림 34에서 보는 바와 같이 비대칭적 대배사와 대향사(Assymmetrical Geoanticline and Geosyncline)의 생성일 것이다.

리히트호펜[26]이 조선호(Koreanische Bogen)라고 불렀던 것, 그리고 고토(小藤) 교수가 태백산단층선(Taibaiksan Dislocation Line) 혹은 연동해요란선(緣東海擾亂線, Peri-Tunghai Rapture Line)[27]으로 명명했던 것이 어떤 것이었을까? 리히트호펜은 이런 류의 호상산맥 가장자리에 있는 열선(裂線, Staffelbruch)을 대규모의 계단단층(Step fault)과 같은 것이라고 생각했다. 도쿠다(德田)[28] 박사는 이를 사태의 형태와 비교하면서, 연동해요란선이 나타내는 압축호의 동남쪽 이동에 의한 전단융기(前端隆起)로

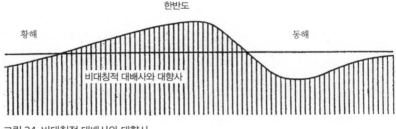

그림 34. 비대칭적 대배사와 대향사

26) Ferdinand von Richthofen(1901), Geomorphologische Studien aus Ostasien II, Gestalt und Gliederung der Ostasiatischen Küstenbogen(Sitzungsberichte d. König.-Preuss. Acad. d. Wiss. z. Berlin, XXXVI).

27) B. Koto(1916), The Great Eruption of Sakura-jima in 1914(Jour. Sci. Coll. Imp. Univ., Tokyo, Vol. XXXVIII, Art. 3).

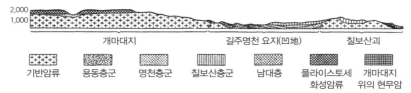

그림 35. 개마대지 동쪽 가장자리의 절봉면 개략도

설명하였다. 이 선을 자세히 보면 때와 장소에 따라 단층도 되고 요곡도 될 것이며, 또한 그것의 세부 사항에 대해서도 여러 가지 설명이 있겠지만, 요약해 보면 한반도 신생대의 지각운동은 비대칭 대배사와 대향사의 생성이 반복되었다는 사실이다. 이러한 운동양식은 최근 지형에서 확인될 뿐만 아니라, 고기제3기층의 퇴적 후 영일만 지역의 단층운동(그림 29), 길주-명천 지역에서의 지구와 칠보산괴의 형성(그림 35), 육백산면 생성 전의 강원도 명천 지역의 단층군(그림 36)은 모두 이러한 양식에 따라 이루어졌다.

고토(小藤) 교수는 연동해요란선의 활동을 고기제3기라고 말한 적이 있다. 야베(矢部) 교수는 북규슈 제3기층의 연구 결과, 휴가(日向) 해안에 발달한 루이쓰이기(瑞穗期) 해성층(30° 내지 40°의 급경사를 이루고 있다)이 이 운동에 참여했고, 이 때문에 해성층은 연동해요란선 활동 이후의 것이 아니라 루이쓰이(瑞穗) 침강시대 말기에 생긴 일이며, 따라서 그 이후 지각운동과 화산활동이 있었다고 설명했다. 필자가 고등학교 학생 시절에 휴가쿠니(日向國) 다카나베(高鍋)에서 신제3기층을 본 적이 있다. 당시 채집된 화석은 이미 요코야마(橫山)[29] 교수의 연구를 거쳐 하부 플라이오세[80] 이

---

28) 德田貞一(1931), 孤狀山脈(岩波地質學講座).

29) M. Yokoyama(1928), Pliocene Shells from Hyuga(Jour. Fac. Sci., Imp. Univ., Tokyo, Vol. II,

<table>
<tr><td>기반암층</td><td>조선계</td><td>평안계</td><td>신라통</td><td>암맥</td><td>화강암</td></tr>
</table>

그림 36. 태백산 동쪽의 지질단면 개략도

후의 것에 속하며, 아마 도사쿠니(土佐國) 가라노하마(唐之濱)와 도슈[遠州, 도토미(遠江)의 또 다른 이름] 가케가와(掛川)의 제3기층과 함께 일본 서남부의 외대를 덮은 플라이오세 해침의 산물이라고 판명되었다. 지금까지의 조사[30]에 의하면 다카나베(高鍋)의 플라이오세 지층과 휴가(日向) 남쪽의 제3기층 사이에는 뚜렷한 부정합(Discordance)이 나타난다. 후자가 상당 수준의 지각운동을 경험한 반면에, 전자는 이 구조가 생성된 이후의 퇴적물이며 간신히 동쪽으로 경동하고 있는 데 불과하다. 그렇다면 야베(矢部) 교수가 휴가의 30° 내지 40° 급경사의 제3기층으로서 하한을 규정하고 있는 지각운동은 어쩌면 다카나베의 플라이오세 지층의 퇴적 이전의 것일 가능성이 있으며, 조선 동해안의 대규모 단층운동과 거의 같은 시기의 산물이라고 생각할 수 있다. 따라서 다카나베의 제3기층 퇴적면을 자르는 화산회층 아래의 평탄면은 연일통 이후의 평탄면 그리고 칠보산층군 이후의 평탄면과 함께 현재 지표 위의 평탄면으로 통합될 수 있는 일군의 면

Pt. 7).

30) 伊木常識(1904), 二十萬分之一佐土原圖幅及說明書.

H. Yabe(1918), Notes on Operculina–Rocks from Japan with Remarks on "Nummulites cumingii Carpenter."(Sci. Rep. Tohoku Imp. Univ., Vol. IV, No. 3).

大塚彌之助(1930), 宮崎縣高鍋町附近の地質學的問題(地理學評論 第六卷).

이 산지대 주변에 크고 작은 산록면으로 발달해 있었던 것이 아닐까 생각한다.

이와 같은 연동해요란운동 이후, 동해 방면에서 현재의 대마분지 한쪽으로 해수가 침입했다. 제주도 서귀포에 발달한 해성 개각층(제주 서귀포층-역주)은 일찍이 요코야마(橫山)[31] 교수에 의해 연구되었던 상부 플라이오세의 것으로 생각되어 왔지만, 최근 연구[32] 결과에 따르면 현생종이 더욱 많이 나타나고 있다. 따라서 이 개각층은 플라이스토세 초에 속하는 것인지도 모른다. 제주도 해성 개각층은 안산암, 현무암, 그 밖의 화성암에 의해 피복되어 있다.

이와 같이 대마해협의 일부를 동해로 편입시킴으로써 종식된 연동해요란운동 역시 직접 대마해협을 생성시킨 것은 아니었다. 적어도 그 일부에는 스테고돈-코끼리 동물군(Stegodon-Elephas Fauna)이 자유롭게 이동할 수 없게 가로막고 있던 육교(Landbrücke)가 남아 있었다. 이는 야베(矢部) 교수가 언급한 소위 일본 열도의 최종대륙기(Latest Continental Stage)인 것이다. 필자는 이전에 온센다케(溫泉岳)에 놀러 가 남쪽 산록에 있는 아리마 촌(有馬村)의 화산 기반암층으로부터 *Pecten yagurai* Makiyama[81]를 채집한 적이 있다. 만약 이 동물군이 오쓰카 야노스케(大塚彌之助) 학사의 생각처럼 플라이스토세[82] 초기의 것이며, 또한 제주도 동물군은 하라구치(原口九萬)[33] 학사의 생각과 같이 상부 플라이오세보다도 약간 젊

---

31) M. Yokoyama(1923), On Some Fossil Shells from the Island of Saishu in the Strait of Tsushima(Jour. Coll. Sci., Tokyo Imp. Univ., Vol. XLIV, Art. 7).
32) 木塚彌之助(1931), 第四紀(岩波地質學講座).

은 것이라면, 후자는 *Pecten halimensis*를 통해 그리고 전자는 *Pecten yagurai*를 통해 마이코하마(舞子濱)의 개층[34]과 어떤 식으로든 관계를 맺고 있다. 따라서 이러한 사실들은 간토 지방에 있는 나리타층(成田層) 형성 당시의 해수 범람과 함께 수륙분포를 이해하는 데 놓칠 수 없는 사실들이다.

플라이오세 이후의 젊은 퇴적물이 결여된 대마분지에서 최근 해안선의 정부(正負) 변화는 지금까지 충분히 밝혀지지 않고 있지만, 현생식물[35]의 분포학적 견지에서 본다면 이키-대마(壹岐-對馬)가 일본 식물구 경관에 속하는 반면, 제주도의 식물군은 일본과 조선의 혼성적 식물구 경관을 나타내고 있다. 이는 대마해협의 생성에 의해 대마도와 조선 사이가 먼저 단절되었고, 그 이후 대마도의 남쪽과 제주도의 북쪽이 단절되었다는 사실을 의미한다.

시기적으로 젊은 퇴적물이 결여된 한반도에서 장차 개척하지 않으면 안 되는 퇴적물은 단구군 이외에 2개가 더 있다. 그 하나는 석회암 지역의 동굴퇴적물(Cave deposits)이고, 다른 하나는 해안 지역의 이탄층(泥炭層)이다.

작년 도쿠나가(德永)[36] 박사가 평안남도 성천군 마전면의 석회암동굴에

---

33) 原口九萬(1931), 濟州島の地質(朝鮮地質調査要報 第十卷の一).

34) J. Makiyama(1925), Some Pliocene Mollusks from Maiko near Kobe(Jap. Jour. Geol. & Geogr. Vol. II, No. 2).

35) 中井猛之進(1931), 東亞植物區景(岩波生物學講座).

36) S. Tokunaga(1929), Mammalian Fossils found in Limestone Caves in Korea(Proc. Imp. Acad. V, No. 3).

서 *Cervuas elephus fossilis*[83]과 경성 부근의 계정에 있는 석회암동굴에서 *Equus caballus fossilis*[84]와 Rhinoceros[85]를 발견했다고 보고했다. 무소를 비롯해 이곳의 말은 조선의 현생종과 상이하기 때문에 그 시대는 플라이스토세인 것 같고, 붉은사슴(赤鹿) 역시 거의 같은 시대에 속하는 것이라고 보고하였다. 이외에도 평안북도 영변군 용산면 구장리[37] 동남쪽 3km에 있는 용문산 산록의 대규모 종유동(鐘乳洞)에서도 *Seleanarctos ussuricus* Heude[86]와 *Sus coreanus* Heude[87]가 출토되었다는 보고가 있었다. 조선 각지에는 수많은 석회암동굴이 있기 때문에 앞으로 주의 깊게 이들 동굴 퇴적물을 연구한다면 꽤나 많은 자료를 얻게 될 것이다. 이러한 화석연구가 필요하다는 사실은 말할 나위도 없지만, 이 퇴적물의 층위관계와 지형적 관계에 대해 아직까지 아무것도 밝혀지지 않았다는 사실은 실로 유감이다. 북중국의 플라이스토세 저우커우뎬(周口店) 동굴 퇴적물과 일본 열도에서도 플라이스토세에 속하는 도치기 현(栃木縣)과 후쿠오카 현(福岡縣)의 동굴퇴적물[38] 사이에 있는 조선의 플라이스토세 동굴퇴적물의 존재는, 설령 그 시대가 정확하게 일치하지 않는다 하더라도 그것만으로도 흥미로운 일이다.

이미 진술한 바와 같이 조선 동해안에는 석호가 발달해 있는 곳이 있다. 이런 곳에서는 현재까지도 이탄층이 형성되고 있는지 모른다. 하지만 이들

---

37) 森爲三(1929), 朝鮮産哺乳類化石目錄(朝鮮博物學會誌 第八號 雜報).
　森爲三(1929), 廣大なる石灰洞窟內に存せし動物ゝ遺骨に就いて(朝鮮博物學會誌 第九號 雜報).
38) 德永重康(1930), 洪積期時代本州九州朝鮮に於ける獸類穴居の遺跡(日本學術協會報告 第六卷).

이탄층보다 한 단계 더 오래된 시대의 이탄층이 현 해안선으로부터 떨어져 있는 곳에 발달되어 있다. 함경남도 정주의 이탄층[39]은 화강편마암의 요지(凹地)에 발달되어 있다. 고다이라 료지(小平亮二) 학사에 의하면 안주 이탄층은 안주의 고기제3기층 및 그 이전의 암층을 피복하고 있다고 한다. 이런 류의 퇴적물이 전부 같은 시대의 것인가? 아니면 몇 개의 시대로 나눌 수밖에 없는 것인가? 단구군과 석회암동굴 퇴적물의 시대적 관계와 같은 여러 문제는 필요하다면 화분분석도 가능할 것인데, 따라서 금후 당연히 연구되어야 할 분야인 것이다.

현재 여주-영동면이 육백산면과 대비되는 것은 단지 몇 단의 단구를 적재하고 있다는 사실뿐만 아니라, 그 내부에 이탄층도 있는가 하면 석회동굴 퇴적물도 있기 때문이다. 이들 퇴적물은 마이오세 비대칭 요곡운동 이후의 융기침강운동과 침식퇴적작용의 결과 생겨난 산물들이 집적된 것이다. 또한 이들은 지형학자의 손에 의해 몇 개의 침식면과 퇴적면으로 구분되어야 하며, 층서학자들에 의해 몇몇 시대의 암층으로 구별되어야 할 것이다. 특히 펭크(A. Penck)가 말한 것과 같이 면적이 증감하면서 융기하는 경우와 면적은 변하지 않고 높이만 달라지는 경우를 음미해 볼 필요가 있다. 이런 경우 한쪽의 융기는 다른 쪽의 침강에 대비되며, 어떤 하성단구와 어떤 이탄층이 동시에 생성되는 일도 가능하다. 또한 여주면 내에는 이미 진술한 바와 같이 재령강의 평야가 있는가 하면, 사과를 재배하고 있는 황주의 준평원도 있다. 토지개량이나 치수공사와 관련해 많은 문제가 있겠지

---

39) 川崎繁太郎(1929), 咸鏡南通南部(定平以南一府六郡)鑛床調査報文(朝鮮鑛床調査報告 第五卷).

만, 사금이 매장되어 있는 하성퇴적물도 있다. 인문지리학, 지형학, 층서학, 광업, 농업의 측면에서 여주면이 지닌 다양한 모습에는 학술적·경제적으로 금후 개척되어야만 하는 다양한 그 무언가가 잠재되어 있다.

한반도 서해안에서 볼 수 있는 고위평탄면과 모내드녹의 대비는 랴오둥 반도에서도 확인된다. 이곳 저위에 위치한 준평원의 여러 특성은 수년 전 와나이 시게지(花井重次)[40] 학사에 의해 자세히 기술되었다. 랴오둥 반도에서 랴오둥 준평원의 형태는 조선 낙랑준평원의 그것과 비교할 수 있는데, 랴오둥 준평원에 우뚝 산체를 드러내고 있는 노철산(老鐵山)은 계동의 정방산(480m)과 대비될 수 있을 것이다. 재령강 범람원이 만든 평야에 대비되는 것이 발해만 연안을 따라 들어선 염전의 평탄면일 것이다. 이들 3가지 요소의 대비는 이전에 필자가 우후쭈이(五湖嘴) 분지[41]의 지형을 기록할 때 기술한 바 있다.

낙랑준평원에서 규암전석[88]이 있는 것과 같이 랴오둥 준평원의 황토에는 원력이 있으며, 적어도 그 일부는 이차적으로 수면 아래 퇴적된 것도 있음을 인정하지 않을 수 없다. [남만주에서 이와 같은 수성황토퇴적층의 발달에 대해서는 이미 히가시키노 류나나(東木龍七) 씨가 일본지리학회에서 발표한 적이 있다.] 또한 아오지 오츠치(靑地乙治)[42] 학사의 다롄(大連)과 다구 산(大孤山) 양 도폭 설명서에 의하면, 해안 아주 깊은 곳에 이탄층이

40) 花井重次(1928), 遼東半島に發達する所謂低位置準平原と其の諸性質に就いて(地理學評論 第四卷).
41) 小林貞一(1929), 南滿北鮮に發達する奥陶紀層に就いて 其三(地質學雜誌 第三十七卷).
42) 靑地乙治(1925), 木連圖幅地質說明書.
　　靑地乙治(1925), 大孤山圖幅地質說明書.

넓게 발달해 있다고 한다. 푸란뎬(普蘭店) 동쪽 류자툰(劉家屯) 부근의 이 탄층에는 연근이 부존되어 있는데, 이 반화석(半化石) 연근은 아직까지 발아능력을 잃어버리지 않았다고 한다.

황해를 둘러싼 연안지역에 이탄층뿐만 아니라 수성황토층과 수성적색토가 넓게 분포하고 있는 것을 보면 그리 오래되지 않은 시기에 황해를 둘러싼 지역에서 한 번 이상의 광대한 침강이 있었고, 그 후 어느 정도의 융기가 이어졌던 것은 아닐까? 낙랑준평원의 일부에 하성단구가 분명히 나타나는 것과 마찬가지로, 랴오둥 준평원의 일부에서도 단구가 존재한다. 이러한 단구는 필자가 이미 뉴신타이(牛心臺) 분지[43]에서 기술한 바와 같이(그림 37, 그림 38), 랴오양(遼陽) 동부의 타이쯔허(太子河) 연안 구역에 넓게 발달해 있다. 또한 주루(都留)-마쓰시다(松下)[44] 양 학사가 안봉선(安奉線)[89]에서 보고한 단구군과 앞에서 지적되었던 압록강 연안의 단구군 모두 남만주에 있으며, 이곳에는 상당히 넓은 2단 혹은 그 이상의 하성단구가 발달해 있다.

이와 같이 전반적으로 나타나는 하성단구의 발달은 한반도의 단구군과 함께 육지에서 정(正)의 운동에 기인한 것이다. 이 융기에 동반하여 침식의 회춘이 시작되어 단구가 생성되었고, 재령강 평야와 랴오둥 반도 염전의 평탄퇴적면도 생겨났다. 즉 현재 퇴적되고 있는 충적선상지와 삼각주에

---

43) 小林貞一(1929), 南滿北鮮に發達する奧陶紀層に就いて 其二(地質學雜誌 第三十七卷).
   Teiichi Kobayashi(1931), Studies on the Stratigraphy and Palaeontology of the Cambro-Ordovician Formation of South Manchuria(Jap. Jour. Geol. & Geogr. Vol. VIII, No. 3).
44) 松下進(1930), 安奉線南半沿線の地質(旅順工科大學彙報 第五號).
   都留一雄(1931), 廟兒溝鐵山の地質及び鑛床(旅順工科大學報告 第一卷 第三號).

그림 37. 남만주 뉴신타이(牛心臺) 지방의 하단 하성단구[워룽(臥龍) 역에서 남쪽을 조망]

서도 퇴적은 계속될 수 있는데, 황하의 하구와 톈진(天津) 부근[45]에서는 천
해성 개층이 현 하상 아래에서 발견된다. 따라서 당시 황해의 요지(凹地)에
해수가 침입했었다는 것 역시 확인될 수 있지만, 그 이전의 해성층은 아직
황해 연안 지역에서 보고되지 않고 있다.

　남만주에서는 단구퇴적물을 제외하고는 신생대 퇴적물이 결여되어 있
다. 남만주 제3기층의 대표적인 것으로는 푸순(撫順)의 고제3기층과 찬터
우층(泉頭層)이 있다. 푸순의 라이탄층(來炭層)이 처음에는 마이오세라고
생각했던 적도 있었지만, 플로린(R. Florin)[46]의 연구 결과 올리고세[90] 것으
로 밝혀졌고, 엔도 세이도(遠藤誠道)[47] 학사의 연구에 의하면 에오세[91]라
고 이야기되기도 한다. 어느 것으로 결론이 나더라도 푸순 라이탄층은 조

45) E. Licent and P. Teilhard de Chardin(1927), On the Recent Marine Beds and the Underlying
　　Fresh-water Deposits in Tientsin(Bull. Geol. Soc. China, Vol. VI, No. 2).

46) R. Florin(1922), Zur Alttertiärenflora der südlichen Manchurei(Palaeontologia Sinica, Ser. A,
　　Vol. 1, Fasc. 1).

47) 遠藤誠道(1926), 撫順炭田古第三紀植物化石研究豫報(地學雜誌 第三十八輯).

그림 38. 남만주 뉴신타이 지방의 상단 단구[워룽(臥龍) 역 북쪽에 있는 타이즈허(太子河) 북안의 단구 열]

선의 고기제3기 층군에 대비될 수 있다. 푸순의 라이탄층은 미약하나마 동서방향의 습곡운동과 단층운동을 받았다.

　한반도 전반에 걸쳐 활동했던 마이오세[92]의 단층운동이 남만주에서 어떤 형태로 나타났는가에 대해서는 지금까지 이를 종합하기에 충분한 사실들이 관찰되지 않았다. 하네다 시게요시(羽田重吉)[48] 학사의 연구에 따르면, 찬터우층은 남만주 유일의 신제3기층이라고 한다. 이 층에서는 지금까지 Chaelonian eggs[49][93] 이외의 다른 화석이 충분히 산출되지 않았기 때문에 화석에 의한 정확한 시대결정은 아직 해결되지 않은 문제이다. 하지만 남만주에서 이 층을 신제3기층으로 보았던 아네르트(E. Ahnert)와 하네다(羽

---

48) 羽田重吉(1927), 公主嶺圖幅地質說明書.
　Jukichi Hada(1927), Brief Notes on a Reddish Brown Sand Formation and a Terrace Deposits in Northern South Manchuria(Jour. Geol. Soc. Tokyo. Vol. XXXIV).
　羽田重吉(1931), 奉天圖幅地質說明書.
49) H. Yabe & K. Ozaki(1929), Fossil Chaelonian (?) Eggs from South Manchuria(Proc. Imp. Acad. V, No. 1).

田)의 견해는 적어도 현재의 지식으로는 타당한 해석일 것이다.

층서학적 견지에서 보아 촨터우층은 남만주에서 최후의 지각운동을 경험했다는 점에서 매우 중요하다. 이 층은 화강암질 편마암과 쥐라기층을 부정합으로 덮고 있고, 현무암이 관통하고 있으며, 황토층에 의해 피복되어 있다. 촨터우층은 10° 이내의 경사를 가지고 서쪽으로 완만하게 기울어져 있다. 하네다(羽田) 학사가 말하는 남만주 최후의 지각운동이란 이러한 경동운동을 말하는 것이다. 촨터우층이 퇴적될 당시 이미 랴오허 강(遼河)−쑹화 강(松花江)의 함몰이 일어났을까, 아닐까? 촨터우층이 함몰지대의 주변 퇴적물일까? 촨터우층이 남만주 산지 역시 피복하고 있을까? 등의 문제는 한반도에서 연일통의 해침과 연일−칠보산층군 이전의 기복면 범위와 같이 상당히 미묘한(delicate) 문제이다. 또한 층서학적 그리고 지형학적 양 방면에서 상당한 논의가 없다면 결코 결론에 이를 수 없을 것이다. 그렇지만 촨터우층이 남만주의 산지대를 피복하고 있다고 생각하는 것, 그리고 퇴적될 당시에는 산지대와 함몰지대가 구분되지 않았다고 생각하는 것은 현재 지식으로는 상당히 무리라고 생각한다. 적어도 촨터우층 퇴적 전에는 남만주 산지대와 랴오허 강−쑹화 강의 함몰지대가 이미 존재하고 있었던 것이다. 그러나 촨터우층 이후의 경동운동에 의해 이와 같은 랴오허 강 서쪽의 구조선(構造線)이 다시 활동했던 것이다.

이외에도 장춘(長春) 남쪽에서는 신생대 퇴적물과 지형발달에 관한 리센과 샤르댕(Licent & Chardin)[50]의 흥미로운 보고가 있었지만, 이들은 하

---

50) E. Licent & P. Teilhard de Chardin(1930), Geological Observations in North Manchuria & Barga(Hailar)(Bull. Geol. Soc. China, Vol. IX, No. 1).

네다의 촨터우층에 대해 언급하지 않았고, 마찬가지로 하네다 역시 이들의 관찰에 대해 언급하지 않았다. 이 때문에 리센 등이 언급한 삼문계(三門系) 적색 사력층과 촨터우층이 동일한 암층인지 아닌지 알 수 없는 것이 유감이다. 적색 사력층은 비교적 평탄한 화강암 위를 피복하고 있고 구릉지를 이루고 있는데, 이들 사이에 황토분지가 형성되어 있다. 주변에는 황토층이, 중앙에는 토사층이 발달해 있는데, 이곳에서 코끼리류(*Elephus primigonius*)와 코뿔소류(*Rhinoceros tichorhinus*)의 포유동물 화석이 산출되고 있다. 하네다에 의하면 촨터우층 서쪽에는 두꺼운 황토층이 파랑상의 구릉을 이루고 있다고 한다. 이 황토층은 리센 등이 말한 적색 사력층 사이에 있는 분지의 단구가 되었고, 산지대에 한층 발달한 몇 단의 하성단구군이 끝없이 이어지고 있다.

이전에는 개마대지의 평탄면이 중생대의 산물이라고 생각된 적도 있었다. 중국의 준평원 역시 처음에는 중생대 말이라고 생각하다가 마이오세로 바뀌었고, 오늘날에는 더 젊은 것으로 생각하기에 이르렀다. 최근의 답사 결과 각 지역의 평탄면은 점점 더 젊어지는 경향이 있다. 조선에서도 고위평탄면의 생성은 그다지 오래된 것이 아니다. 적어도 마이오세 중엽에 완성된 것이다. 마이오세의 북대준평원(北臺準平原, Peitai Peneplain)은 북중국 지형발달사의 발단이 되었다. 주코쿠(中國) 지방에서 마이오세 기저의 평탄면이 혹시 해침에 동반된 마식(abrasion)에 의해 평탄도가 한층 증가했는지는 잘 모르겠다. 하지만 일본 열도에서 광범위하게 일어난 마이오세 해침의 관점에서 생각해 보면, 만일 해침에 의해 한층 평탄화되었다고 하더라도 그 이전에 이미 평탄화 작용이 전반적으로 진행되었음에 틀림없

표 2. 일본, 만주, 조선의 신생대층 비교

일본 열도 (특히 서남부)	한반도	남만주	장소/비고
충적층	충적층	충적층	미약한 융기(홀로세 중)
遊樂町 개각층	이탄층	이탄층	융기(플라이스토세와 홀로세 사이)
關東 Loam (杵玖 동굴)	적토층 (석회 동굴)	수성황토 (周口店 동굴)	경미한 경동운동 (플라이오세 말엽)
島原·舞子 개각층	서귀포 개각층	(황토층)	플라이오세 파동운동
高鍋 제3기층	연일통	泉頭層 (Red Clay)	마이오세 단층운동
津山 제3기층	봉산 협탄층과 명천·장기 계통	(Bactitherium 층)	
北九州 고제3기층	용동층	撫順 협탄층	

다. 하지만 일본 열도에서는 그 후의 평탄화 작용에 의해 '현재 지표에 드러난 평탄면'이 형성되어 광대한 면적을 차지하게 되었다. 아시아 대륙의 주변부에서는 이 같은 마이오세 이후의 주변준평원화가 이루어졌고, 거기부터 지형발달사가 시작된다. 다만 마이오세의 북대준평원에 대비되는 몽고준평원(蒙古準平原)보다 한 단 오래된 시대에 속하는 것으로 생각되는 항가이(Khangai)[51]은 오히려 몽고와 같은 대륙 오지 깊은 곳에만 남아 있다.

중국[52]에서는 오르도스 서북부에 발달한 팔레오세[94] 퇴적물, 즉 Baluch-

51) Charles P. Berkey and Frederick K. Morris(1927), Geology of Mongolia.
52) J. G. Anderson(1923), Essays on the Cenozoic of North China(Mem. Geol. Surv. China, Ser. A. No. 3).

표 3. 지반운동과 퇴적물, 평탄면의 관계

시기		지각운동	퇴적물과 평탄면	비고
홀로세		미약한 융기	랴오둥의 염전, 재령강 평야 등	
		주변의 소규모 침강	이탄층	
플라이스토세		융기	소위 주변준평원	M면
		침강·황해의 범람	수성황토·적토층	
		경미한 경동을 동반한 융기	(화성암류의 일부)	
플라이오세		대마분지의 침강	서귀포 해성층	
		파동운동	산록면	PN면
마이오세		동안의 침강 ?	연일통	
		단층운동	소기복면	
		광역 침강·마이오세 대해침	Mya & Vicarya 층	
			미완의 준평원	北臺(Peitai) 준평원

iterium[95]층의 퇴적 후, 다시 팔레오세 말 혹은 마이오세에 이르러 대규모 지각운동이 일어났다. 이 지각운동은 소위 중국 지질학자들이 남령기(南嶺期) 혹은 히말라야기 조산운동이라고 부르는 것이며, 그 후 러허(熱河) 북쪽에서 관찰된 바와 같이 Hipparion[96] 동물군을 포함하고 있는 하부 플라이오세 층(Pontian) 퇴적 이후 경미한 변동이 일어났고, Mastodon[97]을 포함한 암층과의 사이에 일종의 부정합을 이루고 있다. 제3기 말엽 혹은 플

W. H. Wong(1926), Crustal Movements in Eastern China(Proc. Third Pan-Pacific Science Congress, Tokyo. Vol. I.) etc.

라이스토세의 지각운동은 용산기(瓏山期) 운동으로 불리고 있지만, 돌이켜 한반도를 보면 마이오세의 단층운동은 시기로도 중국의 남령기와 대비된다. 한반도에서 이 운동은 단층과 요곡(Flexure)을 동반한 대규모의 비대칭 요곡운동(Assymmetrical Warping)으로 나타났다. 그 후 몇 번의 반복이 있었다. 따라서 한반도에서는 지형학적 그리고 층서학적 견지에 따라 용산기 운동을 몇 단계의 국면(Phase)으로 분리하는 것이 가능하다. 하지만 이러한 신생대 지각운동의 총화는 현 지표와 해저지형에 나타난 비대칭적 대배사와 대향사의 형성이었던 것이다.

6. 결론

　고기제3기층 퇴적 초창기에 준평원화가 상당히 진행되었다. 이 평탄면 위에 한반도의 고기제3기 내탄층이 퇴적되었다. 퇴적이 진행되면서도 한편으로는 평탄화 작용이 계속되었다. 그렇지만 마이오세 해침이 최고조에 달하면서 해수는 현재 척량산맥의 위치를 넘어 멀리 서쪽으로까지 침입했다.

　마이오세 초에 완성된 평탄면은 히말라야기의 단층운동을 동반한 비대칭 요곡운동의 결과로 대규모 변위가 나타났다. 그 결과 육백산면에 대비되는 여주면과 영동면이 양쪽에서 잠식되기 시작했다.

　그 후 융기와 침강이 반복되었고, 연일통, 칠보산층군, 제주도의 플라이오세 층, 하성과 해성의 단구군, 이탄층, 석회암동굴 퇴적물 이외에 젊은 시대의 현무암과 안산암이 분출하였으며, 몇 단의 산록면이 형성되었다.

　융기와 침강운동은 주로 육지에서는 정(正), 바다에서는 부(負)의 관계를 유지하면서 비대칭성을 유지한 채 반복되었다. (물론 정부의 중간, 즉 영점은 항상 일치하지 않는다.) 이 운동은 시와 때의 차이에 따라 단층이 되기도 하고 요곡이 되기도 한다. 그렇지만 통산적으로 보면 현 지형과 해저에 나타난 비대칭 대배사와 대향사를 형성하였다.

본고는 선배 제현의 귀중한 문헌을 바탕으로, 필자의 여행 결과 얻어진 부산물(by-product)이라 말할 수 있는 단편적 관찰을 하나로 묶은 것이다. 하지만 주도면밀한 주의를 요하는 관찰사항을 음미해 볼 여유도 없었고, 또한 본고에 하나의 체계를 부여하기 위해 극히 필요한 두세 차례의 추가 답사를 할 여유도 없었다. 하지만 'Something is better than nothing'이라는 경구가 있듯이 필자는 외유[98] 전에 우선 있는 그대로의 조잡한 소재를 펼쳐 놓고 여러 대학자들의 비평과 충고를 기다릴 것이며, 후일 기회가 있다면 필요한 퇴고는 할 계획이지만 완전히 수정할 생각은 없다. 이 조선 기행문이 훗날 조선 지형발달사 연구에 작으나마 그 씨앗이 된다면 이 이상 즐거울 수 없을 것이다.

필자는 본고의 초안을 잡으면서 가나자와(川崎繁太郎) 박사를 시작으로 재조선 지질학자 여러 선배들로부터 여러 유익한 교시를 받았다. 특히 시라기(素木卓二) 학사가 강원도 지형에 대해, 다테이와(立岩) 학사가 조선 동해안의 신생대 지사에 대해 귀중한 의견을 피력해 주었다. 도쿠나가(德永) 박사는 봉산탄전의 귀중한 자료를 비롯해 영일만 지역의 자료를 볼 수 있도록 허락해 주었다. 지형학적 방면에서는 즈지무라(辻村) 조교수로부터, 지사학적 방면은 야베(矢部) 교수로부터 유익한 지시를 받았다. 졸업논문 이후 만주-조선 고기암층 연구는 물론이고 이 연구에서도 역시 고토(小

藤) 교수와 가토(加藤) 교수로부터 끝없는 격려를 받았다. 이 많은 선생님과 여러 선배에 대해 만공의 사의를 표하며 끝맺는다.

1. 고토 분지로(小藤文次郞, 1856~1935): 1856년 즈와노(津和野) 번사의 아들로 태어나 1870년 즈와노 번의 장학생, 즉 공진생으로 선발되어 도쿄대학의 전신인 다이가쿠난코(大學南校)에 입학하였다. 1877년 도쿄대학으로 편입했고 1879년 도쿄대학 이학부 지질학과 제1기로 졸업했는데, 졸업생은 고토 단 한 사람뿐이었다. 1880년 메이지 정부 문부성으로부터 지질연구를 위한 독일 유학을 명받고 라이프치히대학과 뮌헨대학에서 학문에 정진하였다. 1884년 4월 귀국하여 도쿄대학 이학부 강사를 역임했고, 그해 10월 라이프치히대학으로부터 박사학위를 받는다. 1886년 도쿄제국대학교 설립과 함께 동 대학교 이학대학 지질학과 교수로 부임했고, 같은 학과에서 1921년 퇴임을 맞는다. 향년 79세인 1935년에 세상을 떠났다. 그는 일본 지질학의 태두이며, 오랫동안 제자들을 길러 내고 수많은 논문과 저서를 발간하여 일본 지질학과 암석학의 아버지로 추앙받는 학자이다. 우리나라와 관련된 논문으로는 1903년 도쿄대학 이과대학 학술지에 발표한 "An Orographic Sketch of Korea"와 1909년 같은 잡지에 발표한 "Journeys through Korea"가 있으며, 1915년 일본지질학회지에 게재된 "Morphological Summary of Japan and Korea"도 있다. 고토 분지로에 관한 보다 자세한 내용은 『조선기행록』(2010, 손일 역, 푸른길)을 참조하기 바란다.

2. 「조선산악론」: 1903년 발표된 이 논문은 '조선산맥대계' 혹은 '조선지질구조론'이라는 이름으로 우리에게 잘 알려진 것으로, 현재 우리가 사용하고 있는 산맥체계의 근간을 제공한 글이다. 고토는 이 논문에서 우리나라의 산맥을 랴오둥 방향, 중국 방향, 조선 방향 등의 체계로 분류하였다. 그뿐만 아니라 노령산맥, 차령산맥, 태백산맥, 낭림산맥 등 현재 우리가 사용하고 있는 산맥 이름의 상당수가 이 논문에게 비롯된 것이다. 「조선산악론」의 정확한 서지는 B. Kotô, 1903, "An Orographic Sketch of Korea", Journal of the College of Science, Imperial University, Tokyo, Japan, Vol. XIX, Article 1이며, 본문 59페이지, 목차 2페이지, 도판 I, II, III에 각각 흑백 사진 3매씩 총 9매가 실려 있으며, 부록으로 1:200만 지체구조도가 수록되어 있다. 이 논문은 『조선기행록』 부록에 완역되어 있다.

3. 원문에서는 근생대(近生代)와 신생대를 혼용하고 있으나, 이 책에서는 신생대로 통일하였다.

4. 고기암층: 제3, 4기의 반고결 신기퇴적암에 대비되는 백악기 이전에 퇴적된 천해성–비해성

쇄설 고결 퇴적암으로 백악기의 경상누층군, 쥐라기의 대동누층군, 석탄기–트라이아스기 평안누층군에 속하는 암석들이 포함된다. 주 구성 암석은 규질사암, 알코스사암, 석회암, 역암, 실트, 셰일 등이다. 경상누층군은 주로 경상남북도 및 전라남북도 일부 지역에 분포하고, 대동누층군은 충남 대천 지역, 평안누층군은 강원도 동남부, 충북 동북부 및 전남 일부 지역에 산지를 형성하며 불규칙하게 분포한다.

5. 실제로 이 논문에서는 12개 조선 지형에 대한 언급이 없다.

6. 서조선만(西朝鮮灣): 평안북도 철산반도(鐵山半島)와 황해도의 장연반도(長淵半島) 사이에 있는 황해안의 만으로 서한만(西韓灣)으로도 불린다.

7. 동조선만(東朝鮮灣): 함경남도 북청군 신포읍 마양도와 강원도 고성군 고성읍에서 동해안으로 돌출한 수원단 사이에 있는 만이다. 만의 너비는 148km로 동해안 최대 규모이며, 동한만(東韓灣)으로도 불린다.

8. 평남지향사(平南地向斜): 판구조론이 등장하기 이전까지 지각의 일부가 침강하여 퇴적암과 화산암이 수km 두께로 퇴적된 후 조산운동이 뒤따르는 공간으로 지향사 개념이 제안되었고, 이를 바탕으로 설정된 한반도 지체구조의 하나이다. 조선누층군의 분포지역과는 달리 평남지향사에서는 조산운동을 확인할 수 없어 퇴적분지로 부르는 것이 타당하며, 현재 평남분지로 부른다.

9. 상원계(祥原系, Sangwon System): 1931년 다테이와(立岩巖)에 의해 명명된 지층으로, 분포지역인 평안남도 중화군 상원면에서 유래되었다. 1907년 이노우에(井上禧之助)에 의해 석회암 누층이 나타나는 조선층으로 명명되었으나, 조선층의 상부에서는 동물화석이 발견되었지만 하부에서는 화석이 발견되지 않아 하부층을 조선층에서 분리시켜 상원계로 명명하였다. 한반도 북부 주로 평안퇴적분지 내에 발달하는 하부 원생대의 변성지층군이며, 두께는 약 3,400~8,000m이다. 하부의 직현통과 상부의 사당우통으로 구성되는데, 근래에는 하부로부터 직현통, 사당우통, 묵천통 및 멸악산통으로 구분하고 있다.

10. 조선계(朝鮮系): 1907년 이노우에(井上禧之助)에 의해 평안남도, 황해도, 강원도 지역에 분포하는 두꺼운 퇴적층이 조선층(朝鮮層)이라고 처음 명명되었다. 1926년 나카무라(中村新太郎)는 조선층에서 선캄브리아 후기 지층인 상원계를 분리하고, 상부층을 조선계 또는 조선누층군(朝鮮累層群)으로 구분하였다. 조선계는 다시 하부의 양덕통(陽德統)과 상부의 대석회암통(大石灰岩統)으로 이분된다. 양덕통은 주로 규암, 셰일, 슬레이트로 구성되며, 대석회

암통은 석회암으로 이루어져 있다. 해성층(海成層)으로 지역에 따라 다시 여러 층으로 세분되며, 태백산 지역에서는 그 두께가 2,000m에 이른다. 현재는 국제층서 명명규약에 따라 조선누층군이라고 부른다.

11. 원문에는 이첩 석탄기(二疊石炭紀)로 되어 있다.

12. 평안계(平安系): 조선계를 부정합으로 덮고 있는 고생대 상부층으로 대부분 육성층으로 이루어져 있으며, 평안누층군(平安累層群)이라고도 한다. 암석의 색으로 홍점통(紅店統), 사동통(寺洞統), 고방산통(高坊山統), 녹암통(綠岩統)으로 구분하였으나, 명명 당시(1924)에는 엄격한 시간적·층서적 의미가 없었다. 평양탄전에서 비롯된 층서구분을 남한에 적용하기 어려워 1969년 이후 남한에서는 암석 층서단위인 만항층(晚項層)·금천층(黔川層)·밤치층[栗峙層]·장성층(長省層)·함백산층(咸白山層)·도사곡층(道士谷層)·고한층(古汗層)·동고층(東古層)으로 구분하였다. 시간 층서단위에서 계(系)는 표준층서 구분에서 지질시대의 한 기(epoch)에 해당하는 지층에 사용하는 것이 좋으나, 석탄기·페름기 및 트라이아스기 등 3기에 걸친 지층을 평안계로 한 것은 부정확한 층서 명명으로 현재는 평안누층군으로 부른다. 평안누층군은 무연탄을 포함하고 있어 탄전으로 개발되어 왔으며, 석탄 자원 개발에 힘입어 분포지와 지질학적 특성 및 층서학적 연구가 활발히 진행되었다.

13. 추가령구조곡(楸哥嶺構造谷): 북쪽의 마식령산맥과 남쪽의 광주산맥 사이에서 발달한 북북동-남남서 방향의 단층선곡으로 추가령 열곡(裂谷)이라고도 한다. 원산의 영흥만(永興灣)에서 시작하여 서울을 거쳐 서해안까지 호(弧)를 그리는 좁은 골짜기로, 지형·지질적으로 남한과 북한을 양분하는 구조선(構造線)을 이룬다. 예로부터 주요한 교통로로 이 구조곡을 따라 철도(경원선)와 도로(경원가도)가 건설되었다. 추가령이라는 지명은 이 열곡의 중북부에 위치한 북한의 강원도 평강군 고삽면과 함경남도 안변군 신고산면의 경계에 있는 725m의 고개이다. 열곡의 발달을 유발한 구조선은 우리나라의 지체구조(地體構造)를 남북으로 이등분하는 경계선이 되어 그 북쪽은 랴오둥 방향의 구조가 탁월하고, 남쪽은 중국 방향의 구조가 탁월하다. 신생대 제4기에는 평강(平康) 남서쪽 3km 지점의 오리산(454m)을 중심으로 현무암이 구조선을 따라 열하분출하였다. 이 용암은 열곡을 따라 흐르는 남대천을 따라 북쪽으로 흘러 북한의 강원도 고산군 북부 일대까지, 남쪽으로는 한탄강과 임진강을 따라 경기도 파주시 파평면 일대까지 흘러내렸다. 이 결과 철원·평강 용암대지가 형성되었으며, 이 과정에서 북동쪽으로 흐르는 안변 남대천과 임진강의 지류 평안천(平安川) 간의 하천쟁탈이 발생하였다. 평안천의 상류부를 쟁취한 남대천은 구조선의 북쪽 부분을 따라 거의 직선상으로 흐르면서 하곡을

깊게 하각(下刻)하여 석왕사곡(釋王寺谷), 삼방협곡(三防峽谷) 등 깊은 협곡을 만들었다. 과거에는 이 구조곡의 방향과 나란히 다수의 정단층이 존재하고 있는 것을 근거로, 단층에 의해 형성되는 지구대(地溝帶)와 동일시하여 이 구조곡을 지구대라고 부르기도 하였다. 그러나 이후 이루어진 조사에 의하면 중국 방향의 단층선을 따라 화강암이 관입(貫入)하고, 이 화강암이 계곡 양안의 접촉변질(接觸變質)된 변성암층에 비해 침식에 대한 저항력이 약해 차별침식(差別浸蝕)을 받은 결과 지구대와 유사한 형태의 지형이 만들어진 것이지 지구대로 인정될 만한 단층운동의 증거는 없는 것으로 밝혀졌다.

14. 옥천지향사(沃川地向斜): 강릉−군산을 잇는 선과 울진−태백산−영동−목포를 잇는 선 사이에 길이 약 450km, 너비 75~130km 규모로 형성된 습곡대이다. 지향사는 지각의 일부가 가라앉아 퇴적암과 화산암이 두껍게 쌓인 퇴적분지를 가리키는 용어로, 습곡산지의 형성과 관련한 조산운동을 설명하는 과정에서 제안되었다. 20세기 전반까지 사용된 개념이었으나 판구조론이 등장한 1970년대 이후로는 사용되지 않는다. 옥천지향사라는 명칭은 1926년 일본인 지질학자 야마나리 후지마로(山成不二麿)에 의해 명명된 후, 고바야시 데이이치(小林貞一, 1933)에 의해 한반도 지체구조도에 처음으로 포함되었다. 고바야시(1953)는 옥천지향사를 옥천조산대로 바꾸고 중북부를 가로지르는 충주(제천)−문경 선을 따라 형성된 층상단층(層狀斷層)을 기준으로 다시 남서부의 옥천변성대와 북동부의 옥천비변성대로 구분하였다. 옥천변성대는 시원생대 변성퇴적암층(옥천누층군)이 분포하며, 옥천비변성대는 고생대층(조선누층군과 평안누층군)으로 이루어졌다. 학자들 간에 약간의 차이가 있으나 현재 한반도 지체구조에서는 옥천(습곡)대로 부르며 태백산 지역(옥천비변성대)과 옥천대지역(옥천변성대)으로 구분한다.

15. 경상누층군(慶尙累層群): 중생대 쥐라기 후기의 대보조산운동(大寶造山運動)을 거쳐 백악기에 이르러 한반도에는 경상분지를 비롯하여 여러 곳에 작은 퇴적분지 또는 함몰지가 형성되었다. 경상분지에서는 화산활동을 수반하여 두꺼운 육성 퇴적층이 형성되었는데 이를 경상누층군이라고 한다. 고토 분지로(小藤文次郎, 1903)는 경상남북도에 넓게 분포된 중생대층을 처음 경상층이라고 명명하였다. 가와사키 시게타로(川崎繁太郎, 1925)는 평양 북서부 대동군(大同郡)에 분포하는 지층에 대해 '대동계(大同系)'로 명명하고, 이를 '하부 대동계'와 '상부 대동계'로 구분하였다. 곤노 엔조(今野圓藏, 1928)는 '하부 대동계'와 '상부 대동계' 사이에 현저한 지질구조의 차이가 있음을 고려하여 '상부 대동계'를 고토의 경상층을 수용하여 경상계(慶尙系)로 명명하였다. 현재 '경상계'라는 명칭은 '상부 대동계'만을 가리키는 것으로 사용하고 있다. 다테이와 이와오(立岩巖, 1929)는 경상분지 내의 경상계를 낙동통, 신라통, 불국사통으

로 구분하였다. 장기홍(1975)은 암석 층서단위에 따른 새로운 층서구분을 제안하여, 화산활동의 영향을 받지 않은 신동층군, 화산활동에 의해 공급된 퇴적물을 포함하는 하양층군, 그리고 화산쇄설물과 화산암으로 구성된 유천층군으로 구분하고 경상누층군으로 명명하였다. 주된 분포지역은 경상남북도나 전라북도 일부 지역, 충청남도 공주, 충청북도 영동, 괴산, 강원도 통리 지역 등에도 대비되는 지층이 나타난다. 경상분지 퇴적암의 총 두께는 약 10km로서 충적선상지, 하성·호성 환경에서 형성되었으며, 역암, 사암, 셰일, 이암, 이회암의 호층으로 구성된다. 경상누층군의 층서는 하부에서 얇고 불연속적인 탄층이 수차례 협재하고 상부로 갈수록 화산암 및 화산 기원 퇴적층의 출현이 빈번해진다. 신동층군의 지질시대는 전기 백악기로 밝혀졌으나 화석이 산출되지 않는 하양층군과 유천층군의 지질지대 규명에는 어려움을 겪고 있으며, 대략적으로 유천층군의 상한을 중·후기 백악기로 해석하고 있다.

16. 요곡운동(撓曲運動): 요곡(撓曲)은 'flexure'나 'warping'을 번역한 것으로, 두 지괴가 서로 다른 방향으로 움직여 구부러지는 운동으로 암층의 연속성이 유지되어 S자 모양의 횡단면을 형성하며 뚜렷한 단층이나 습곡은 동반하지 않는 지각운동이다. 요곡은 광범위한 돔상의 지체구조나 습곡과 동의어로 사용되는 경우도 있으며, 지각의 요철형 구조, 습곡과 지층의 변위 없이 나타나는 지각의 휘어짐으로 설명되기도 한다. 요곡을 일으키는 메커니즘에 대한 해석은 찾기 어려우며, 지질학계에서는 개념의 불명확성으로 요곡운동이라는 표현을 사용하지 않는다는 주장도 있다.

일반적으로 요곡운동을 일으키는 힘은 횡압력이 아니라 지반의 상하운동을 일으키는 힘으로, 특정 방향으로 신장하는 장소를 중심으로 지표부나 지각의 한쪽이 융기하고 다른 쪽이 침강할 경우, 그 중심부를 경계로 요곡이 발생한다. 또는 지질구조선을 포함하는 오래된 기반암층과 이를 덮고 있는 새로운 암층이 있는 경우, 융기가 발생하면 기반암의 지질구조선을 따라 새로운 암층으로 이루어진 요곡이 발생한다. 요곡운동을 통해 발생하는 응력이 암층의 가소성(plasticity) 한계를 넘어서면, 암층은 단층을 형성하기도 한다. 한반도는 신생대 제3기와 제4기에 걸쳐 동해의 지각이 확대되면서 작용한 횡압력으로 인해 동해안을 축으로 지반의 융기가 전개되었다. 그 결과 산지가 동쪽으로 기우는 비대칭적 지형이 형성되었는데, 이와 같이 비대칭적으로 발생하는 요곡운동을 경동성(傾動性) 요곡운동이라고 한다.

17. 칠보산괴(七寶山塊): 개마고원을 형성시킨 지배사(geanticline) 융기운동은 북동−남서 방향의 단층선을 형성하였다. 이 단층선에 의해 개마고원의 남동쪽에는 길주·명천지구대라는 함락지대와 칠보산괴라는 지루(地壘)가 형성되었다.

18. 인편구조(鱗片構造, imbricate structure): 평행한 역단층이 같은 방향으로 치켜 올려져 비늘같이 포개진 구조를 말한다.

19. 이윤회 지형(二輪廻地形): 침식윤회는 침식에 의해 생기는 일련의 지형변화 과정을 말한다. 지형은 화산의 생성이나 해저의 융기 등에 의해 원지형(原地形)이 만들어진 후, 외적 영력(外的營力)에 의해 여러 가지 차지형(次地形)이 형성되고, 최종적으로 기복이 작은 준평원(準平原)의 종지형(終地形)이 된다. 이러한 과정이 침식윤회인데, 이를 지형윤회 혹은 지리적 윤회라고도 한다. 침식윤회는 하천에 의한 침식의 변화가 일반적이므로, 하식(河蝕)에 의한 침식과정을 정규윤회(正規輪廻)라고 한다. 지형윤회에서 지반의 변동, 기후변화, 화산활동 등에 의한 윤회가 중단되고 새로운 조건하에서 윤회가 시작되면 중단된 지형은 전윤회지형으로 남기 때문에 신구(新舊) 2개 이상의 윤회에 속하는 지형이 공존하게 되며, 이를 다윤회지형(多輪廻地形, multicycle landscape, polycycle topography)이라고 한다. 반면 원지형이 동일의 침식기준면이나 기후상태에서 침식을 받아 형성된 것을 단윤회지형(單輪廻地形, monocycle landscape)이라고 한다.

20. 원문에는 '丘阜'라고 되어 있는데, 이를 번역하면 '언덕 부리'가 적절할 듯하다. 그러나 '언덕'이라는 용어에 의해 전체적인 의미가 훼손될지 몰라 '언덕 부리' 대신 '구릉 돌출부'로 했다.

21. 정편마암(正片麻岩, orthogneiss): 화강암질 기원의 암석이 광역변성작용을 받아 편마상 조직을 갖게 된 편마암을 말한다. 정편마암은 단순한 편마암이 아닌 구조암(tectonite)임이 입증되어야 하며, 퇴적암이 변성작용을 받아 생성된 준편마암과 구별된다.

22. 준편마암(準片麻岩, paragneiss): 퇴적암 기원의 암석이 변성작용을 받아 만들어진 편마암을 화성암 기원의 정편마암과 구분하여 준편마암이라고 한다. 셰일의 경우 광역변성작용을 지속적으로 받게 되면 점판암-천매암-편암-편마암 등으로 변성암이 된다. 준편마암류 암석에는 호상편마암, 반상변정 편마암, 미그마타이트질 편마암 등이 있다. 최근 암석학에서 통상적으로 편마암이라고 하면 준편마암을 가리킨다.

23. 원문에서는 Inselberg를 도상구릉이 아니라 도상산체(島狀山體)로 번역하고 있다.

24. 석성산(石城山, 472m) : 경기도 용인시 기흥구와 처인구의 경계를 이루는 산. 급경사의 서사면과 완경사의 동사면을 이룬다. 이러한 지형적 특성은 방어에 유리하여 산성의 입지조건에 부합하는데, 석성산에는 보개산성의 흔적이 남아 있다.

25. 원각력(圓角礫): 아원력(亞圓礫)과 아각력(亞角礫)을 말한다.

26. 충북선: 1929년 12월 25일 개설된 조치원과 충주를 잇는 철도.

27. 박달령: 충북 제천시 백운면과 봉양읍을 잇는 높이 504m의 고개. 주론산에서 시랑산으로 이어지는 남북방향의 산지를 동서로 가로지르는 고개인데, 유행가 가사와는 달리 천등산은 박달령 바로 서쪽에 있는 산이다.

28. 본문에서는 하안단구 대신 하성단구라고 되어 있다. 하천의 침식작용에 의해 만들어졌음을 강조한다는 의미에서는 효과적인 용어일 수 있으나, 현재 우리나라 지형학에서는 일반적으로 하안단구를 사용하고 있다.

29. 평안계의 녹색암층: 평안계의 최하부층인 만항층(홍점통)을 구성하는 녹색의 사암층.

30. 두무동: 강원도 영월군 중동면 직동리 두무동으로, 두무골(두뫼골)이라고도 한다. 오르도비스기에 형성된 조선계 대석회암통의 동점규암층과 막골층 사이의 두무동층이 발견된 곳이다.

31. 혈암(頁岩, shale): 셰일은 원래 튜턴 족(Teuton, 게르만 족)의 고어로 층리가 있는 점토암을 가리킨다. 퇴적암의 하나로 0.002㎜ 이하의 점토로 구성된 이암(泥岩)이 성층면을 따라 박리가 일어나기 쉬운 성질을 갖는 것을 혈암이라고 한다. 박리성은 니질(泥質) 물질의 퇴적 후의 압축에 의해 점토광물이 방향성을 갖고 배열되기 때문이다. 50~80%에 이르는 니물(泥物)의 공극률은 퇴적압축에 의해 혈암이 되는 과정에서 10%로 감소하기 때문에, 혈암의 분포지역에서는 불투수층을 형성한다. 층리가 잘 발달되어 있는 것이 특징이며, 우리나라의 평안계(平安系) 셰일은 흑색을 띠고 경상계(慶尙系) 셰일은 갈색이나 적갈색을 띤다.

32. 잔구(殘丘, monadnock): 산지가 침식을 받아 낮아지는 과정에서 침식에 강한 부분이 고립된 구릉의 형태로 남는 것을 말하며, 경암잔구(硬岩殘丘) 또는 견뢰잔구(堅牢殘丘)라고 한다. 또 침식의 기준면에서 멀리 떨어진 분수계 부근에서는 오랜 침식에도 잔존하는 구릉이 남게 되는데, 이를 원지잔구(源地殘丘) 또는 원격잔구(遠隔殘丘)라고 부른다. 미국의 모내드녹 산 (Monadnock, 965m)이 대표적으로, 원래는 뉴햄프셔 주의 산 이름이었으나 데이비스가 침식 윤회의 모식지역으로 설명함으로써 잔구를 의미하는 학술용어가 되었다.

33. 신막(新幕): 황해도 서흥군 신막읍.

34. 단층선곡: 적종곡(適從谷)의 일종으로 단층선을 따라 이루어진 차별침식으로 만들어진 골

짜기이다. 단층선과 밀접한 관련성을 가지며, 직선상으로 나타난다. 단층선곡을 흐르는 곡폭이 좁은 하천을 적종하(適從河)라고 한다. 상당 기간 침식이 진행된 지역에서는 단층곡과 단층선곡의 구별이 곤란한 경우가 많으며, 단층곡과 단층선곡의 성질을 모두 가진 곡을 복합단층곡(複合斷層谷, complex fault valley)이라고도 한다.

35. 경동운동(傾動運動, tilted movement): 경동지괴와 같은 비대칭성 지형을 형성한 운동을 말한다. 비대칭적인 곡동운동이나 단층운동에 의해 경동지형이 형성된다.

36. 진범기: 강원도 삼척시 원덕읍 이천리, 사금산(1,082m) 북동쪽 800m 고도에서 나타나는 평탄면.

37. 마읍천: 사금산과 문의재에서 발원하여 북류하면서 마읍리를 거치고, 동쪽으로 방향을 바꾸어 근덕면 동막리와 덕산리를 지나 동해로 유입한다.

38. 현재 강원도 태백시 황지동(당시의 행정구역은 강원도 삼척군 상장면 황지리).

39. 유평고개: 강원도 삼척시 도계읍 심포리에 속한 자연마을이다. 심포리에는 유평, 신번지, 한천, 미전, 고지, 신둔지 등의 자연마을이 있다. 심포초등학교 심포분교 북쪽의 마을에 해당한다.

40. 신둔지: 삼척시 도계읍 심포리 미인폭포 상류의 자연마을.

41. 고기(高基): 현재 발행된 1:25,000 지형도에는 높은기로 표기되어 있다.

42. 오십천: 강원도 삼척시와 태백시 경계인 백병산(白屏山, 1,259m)에서 발원하여 동해안으로 흐르는 하천으로, 길이는 48.8km이고 유역면적은 294km²이다. 백병산에서 발원하여 북서쪽으로 흐르다가 도계읍 심포리에서 북북동으로 방향을 바꾸어 흐르다 삼척시 마평동에서 동쪽으로 꺾여 동해로 유입된다. 수많은 곡류대를 이루고 있으며, 하천의 명칭도 하류에서 상류까지 가려면 물을 오십 번 정도 건너야 한다는 데서 유래되었다.

43. 거야(裾野): 화산 기슭에 완만하게 경사진 들판이라는 의미도 있으나, 후지 산 남쪽의 스소노 시(裾野市)를 지칭하는 것일 수도 있다.

44. 이는 고위평탄면을 말하는 것이 아니라 고위 단구면을 말한다.

45. 산록계(山麓階): 독일어로 Piedmonttreppe, 영어로는 Piedmont benchlands이다. 이는 산

록면이 계단상으로 발달하는 지형을 말한다. 산록면이 형성된 후 산지가 재차 융기한다면 그 주변부에 새롭게 산록면이 형성된다. 산지의 융기가 이처럼 반복된다면 이에 대응해 계단상으로 산록면이 만들어진다. 하위의 산록면이 상위의 산록면 가운데 넓은 곡저가 되어 깊숙이 파고들면 2개의 산록면 경계는 출입이 복잡해진다. 하천의 종단면에는 산록면의 수에 해당하는 천이점이 만들어진다. 산록계의 성인에 관해서는 펭크(A. Penck)가 산지의 연속적 융기로 형성된다고 했으며, 데이비스(W. M. Davis)는 간헐적 융기를 주장하였다. 독일의 베른 산지와 슈발츠발트 등에서 이런 류의 지형을 볼 수 있다. 일본에서는 지치부 산지(秩父山地)와 기타카미 산지(北上山地) 등에서 볼 수 있다.

46. 부전령: 함경남도 신흥군 영고면과 동상면의 경계에 있는 고개로, 부전령 산맥의 백역산(1,856)과 백암산(1,741m) 사이의 안부(1,355m)에 위치하고 있다. 고개의 남쪽 사면은 경동지괴의 앞면으로 38° 이상의 가파른 비탈을 이루고 있으나, 북쪽 사면은 부전고원과 이어져 있어 경사가 10~15°로 매우 완만하고 평탄하다. 이러한 지형을 이용해 유역변경식 부전강 발전소가 건설되었으며, 발전소와 동해의 공업도시를 연결하는 신흥선 철도가 함흥에서 부전호반까지 건설되었다. 송흥역과 부전령역 사이의 6km 구간은 경사가 급하고 험준하여 인클라인(incline)으로 운행되고 있다.

47. 길주-명천 지구대: 함경북도 길주에서 명천을 거쳐 경성에 이르는 북북동-남남서 방향의 지구대(地溝帶). 길이는 약 80km이며, 평균 너비는 약 20km이다. 지구대의 북쪽에는 두만지괴(豆滿地塊), 서쪽에는 개마지괴(蓋馬地塊), 이 지괴의 동쪽에는 칠보산(七寶山, 906m)을 포함하는 칠보산지루(七寶山地壘)가 산지를 형성하고 있다. 이 지구대는 제3기의 지괴운동 때문에 생긴 단층곡(斷層谷)으로서 함탄제3기층(含炭第三紀層)·현무암(玄武岩)·백두암(白頭岩) 등이 위치하고, 그 낮은 골짜기에는 함경선(咸鏡線)이 통하고 있다. 지구대의 북서쪽 산록지대의 약선(弱線)에는 15개의 온천이 있어 우리나라 제일의 온천지대를 이룬다. 본문에서는 길주-명천 지구대라 하지 않고 길주-명천 요지(凹地)라고 했는데, 이는 저자가 이곳의 성인에 대해 확신하지 못하고 있음을 반영한 것이라고 생각된다.

48. 평양특별시 남부에 있는 군.

49. 낙랑준평원(樂浪準平原): 현재 평양특별시 주요 시가지에 해당되는 지역으로, 해발고도 20~50m의 저위평탄면으로 침식윤회 과정의 종지형에 해당된다. 나카무라 신타로(中村新太郎)는 이 지역이 기원전 108~107년 전한(前漢)의 무제(武帝)가 설치한 한사군(漢四郡) 가운데 낙랑군(樂浪郡)에 해당함에 주목하여 낙랑준평원으로 명명하였다.

50. 겸이포와 천주: 현재 황해도 송림시에 해당하나, 당시에는 황주군 겸이포읍과 천주면을 지칭한다. 1945년 겸이포읍이 송림시로 승격, 분리되었다.

51. 주향단층(走向斷層, strike fault): 상반과 하반이 단층면을 따라 수평이동하여 지층의 주향과 단층의 주향이 평행한 단층을 말한다. 본문에서는 층향단층(層向斷層)으로 되어 있다.

52. 경원선(京元線): 서울(용산)에서 의정부-철원-평강-삼방관-석왕사-원산을 연결하는 철도. 1910년 기공하여 1914년 9월 16일 원산에서 전통식이 이루어짐으로써 완공되었다. 경원선은 지형적 장애를 극복하기 위해 추가령구조곡 구간을 따라 건설되었다. 초기에는 운송실적이 저조하였으나, 1928년 함경선이 개통되어 경원선과 연결됨으로써 서울-회령, 서울-청진 간의 이동이 획기적으로 단축되었고, 여객 및 운송의 역할도 확대되었다. 광복 이후 북한 측 구간의 운행이 중단되어 신탄리역까지만 운행되어 오다가, 2012년 강원도 철원군 철원읍 대마리에 백마고지역이 신설되어 용산에서 이곳까지 94.4km만 운행되고 있다.

53. 사리원과 심촌 사이의 간이역에서 동쪽으로 5리쯤 떨어져 있는 조선 벚꽃의 명소.

54. 황해도 황주군과 봉산군 경계에 있는 480m 높이의 산.

55. 천매암(千枚岩, phyllite): 니질(泥質) 퇴적암이 광역변성작용을 받아 점판암(slate)과 결정편암의 중간적인 변성 정도를 보인다. 입자는 매우 세립이지만 두드러진 편리를 갖는다. 일반적으로 이질암에서 비롯된 변성암은 변성온도가 높아져서 재결정 작용이 진행됨에 따라 점판암 → 천매암 → 편암 → 편마암으로 조직이 변화한다.

56. 본문의 경기선(京畿線)은 경의선(京義線)의 오류로 판단된다.

57. 구산층(九山層): 후기 캄브리아기에 해당하는 북중국의 층서로, 강원도 태백시 동점동 일대를 모식지로 하는 세송층(細松層)과 대비된다.

58. 충상단층(衝上斷層): 스러스트(thrust) 단층이라고도 하며, 성인적(成因的)으로는 수평방향의 횡압력에 의해 생긴 일종의 역단층이다. 종종 습곡작용(褶曲作用)이 진행되는 과정에서 지층이 끊겨 45° 미만의 경사를 갖는 저각(低角)의 역단층, 즉 스러스트 단층이 형성된다. 따라서 이런 종류의 단층은 조산대(造山帶)에서 흔히 볼 수 있고 규모도 큰 것이 많다. 단층면의 경사가 10° 미만의 완만한 경사를 가지며, 상반의 이동거리가 보통 수km에서 수십km로 비교적 규모가 큰 스러스트 단층은 오버스러스트(over-thrust) 단층이라고 한다. 나페(nappe)나 클리페(klippe)는 스러스트 운동의 결과로 생긴 것이다.

59. 파동습곡(波動褶曲): 조륙운동(造陸運動)에 따른 완만한 파동운동에 의해 형성되는 습곡.

60. 남북방향(Lengthwise) 구조: 세로방향이라는 사전적 표현을 사용하지 않고 한반도 지형구조에 맞추어 방위로 표현하였다. 다음 문장의 동서방향(crosswise) 역시 가로방향이라는 사전적 의미를 부여하였다.

61. 개천선(价川線): 신안주와 개천 사이 29km 길이의 철도 노선.

62. 개천: 평안남도 개천군의 읍.

63. 황해도 사리원시 신창리.

64. 중국 펑톈 성(奉天省) 복현 우후쭈이(五湖嘴).

65. 순천: 평안남도 중부 대동강 중류 연안에 있는 도시.

66. 무진대(無盡臺): 평안남도 순천시 소재 누대.

67. 북창: 평안남도 북창군.

68. 덕천: 평안남도 덕천시.

69. 이 책 부록으로 제시된 요시카와(吉川) 논문의 요지 중 하나는 고바야시(小林)가 말하는 몇 단으로 된 여주면을 인정하고, 이를 대관령면, 하진부면, 제천면, 충주면으로 세분한 것이다.

70. 영일만: 경상북도 포항시 흥해읍 달만곶과 호미곶면 호미곶 사이에 있는 만(灣). 포항시와 흥해읍·동해면·호미곶면과 접하고 있다.

71. 열극분출(裂隙噴出): 지표의 갈라진 틈으로 마그마가 분출하는 현상. 중앙의 화구가 아닌 기다란 열극을 통해 마그마가 분출하는 것을 말한다.

72. Vicarya callosa: 마이오세의 갯고둥 화석.

73. 인장응력(引張應力, Tensile Stress): 물체에 외력이 작용하였을 때 그 외력에 저항하여 물체의 형태를 그대로 유지하려 하는, 즉 물체 내에 생기는 내력을 말하며 이를 변형력(變形力)이라고도 한다.

74. 함경계(咸鏡系): 동해안에서 제3기층은 두만강 하류, 라남-경성지구, 길주-명천지구, 성천강, 금야강 하류유역, 강원도 통천, 회양, 평강 지역, 삼척 지역, 영일만 연안에 분포한다. 동해안에 분포하는 신제3기(neogene)층을 함경계라고 하며, 길주-명천지역에서 가장 전형적으로 나타난다. 함경계는 밑에서부터 용동통, 명천통, 칠보산층군으로 구분되며, 서로 부정합으로 덮고 있다. 함경계에는 갈탄과 석영알고령토, 팽윤토 등의 광물이 부존하고 있다.

75. 포사마그나(Fossa magna): 주오대지구대(中央大地溝帶)로 불리며, 일본 혼슈(本州) 중부를 남북으로 이분하는 대지각 구조이다. 1855년 나우만(E. Naumann)이 명명하였다. 그는 이것에 의해 일본이 양 날개로 이분되었다고 하였다. 이 구조대의 서쪽 가장자리는 이토-시즈선(絲魚川靜岡線)이라고 불리는 구조선(단층)으로 경계가 이루어지며, 그 일부에서는 역단층이 나타나지만 일련의 단층군은 아니다. 동쪽 가장자리는 간토(關東) 산지의 서측을 통과하는 시바타-고이데 구조선(新発田小出構造線) 및 가시와자키-지바구조선(柏崎千葉構造線)으로 설정하고 있으나 여러 가지 설이 존재하며, 명확한 결론에 이르지 못하고 있다. 종종 이토-시즈선을 포사마그나와 혼동하여 부르지만, 포사마그나는 혼슈 중앙에 면으로 존재하는 남북방향의 U자형 계곡으로 내부에는 새로운 지층이 모인 지역이다.

76. 통천: 강원도 통천군.

77. 신흥리: 강원도 천내군 신흥리.

78. 원문에는 '南方'으로 되어 있는데, 문맥으로 보아 규슈(九州)를 포함한 그 남쪽을 의미하는 것 같으나 확실하지 않다.

79. 경성만(鏡城灣): 함경북도 청진시 고말산단과 어랑군 어랑단 사이에 있는 만.

80. 플라이오세(pliocene): 선신세(鮮新世).

81. *Pecten yagurai* Makiyama: 가리비의 일종.

82. 플라이스토세(Pleistocene): 홍적세(洪積世).

83. *Cervuas elephus*: 코끼리의 일종.

84. *Fquus caballus*: 말의 일종.

85. Rhinoceros: 코뿔소.

86. *Seleanarctos ussuricus Heude*: 곰의 일종.

87. *Sus coreanus Heude*: 멧돼지의 일종.

88. 전석(轉石, float): 암석의 파편이 원래의 위치에서 떨어져 나와 단애나 사면에 독립적으로 떨어져 있는 것을 말한다. 'float fragment'라고도 한다.

89. 안봉선(安奉線): 압록강 건너 안둥[安東, 현재의 단둥(丹東)]에서 펑톈[奉天, 현재의 선양 (瀋陽)]까지의 철도로, 한국에서 남만주철도로 연결되는 지선이다.

90. 올리고세(Oligocene): 점신세(漸新世).

91. 에오세(Eocene): 시신세(始新世).

92. 마이오세(Miocene): 중신세(中新世).

93. Chaelonian eggs: 거북알의 일종.

94. 팔레오세(paleocene): 효신세(曉新世).

95. Baluchiterium: 뿔없는 코뿔소의 일종.

96. Hipparion: 말의 일종.

97. Mastodon: 코끼리의 일종.

98. 고바야시는 이 논문이 발간되던 1931년에 미국으로 유학을 떠났다.

한반도 중부의 지형발달사

* 요시카와 도라오(吉川虎雄)[1], 1947, 地質學雜誌, 第53卷, 第616~621號,
pp.28~32.

* 본 연구에 소요되는 조사비의 일부는 조선총독부 지질조사소의 지원금으로, 그리
고 일본학술진흥회와 그 밖의 기관에서 받은 연구지원금으로 충당하였다. 이들 기
관의 관계 제위들에게 요시가와 학사와 함께 깊은 감사를 드리는 바이다. 〈고바야
시 데이이치(小林貞一) 씀〉

1. 서언

　1942년 4월부터 6월까지 약 3개월간 필자는 삭박면(削剝面)의 분포와 그 특성을 조사할 목적으로 한반도 중부를 횡단 여행하였다. 본고에서는 여행 결과의 일부인 지형발달사에 대해 보고하려 한다. 이 기회를 빌려 본 연구를 중간에 포기하지 않도록 지도해 주신 즈지무라(辻村), 다다(多田), 고바야시(小林) 세 선생님, 조선 체류 중 협조를 아끼지 않으신 다테이와(立岩), 기노자키(木野崎), 하타에(波多江) 세 이학사와 우에하라 마사타네(上原政種), 김영창(金永昌) 그리고 귀중한 가르침을 주신 고바야시 구니오(小林國夫), 요시다 히사시(吉田尙) 두 이학사에게도 심심한 사의를 표한다. 또한 여행 중 여러 편의를 제공해 주신 삼척개발주식회사와 조선 전업주식회사 관계자 여러분에게도 깊이 감사를 드린다.

2. 삭박면[2]의 분포

　이 논문에서 다룰 지역의 범위는 한반도의 북위 36°40′에서 38°에 이른다. 이 지역에서는 태백산맥이 동해안 쪽으로 치우쳐 해안선과 나란히 분포하고 있으며, 응봉산[3] 부근부터 소백산맥이 남서방향으로 갈라진다. 이 두 산맥은 3개 하천의 유역 경계를 이룬다. 태백산맥 서쪽과 소백산맥의 북쪽은 한강, 태백산맥 서쪽과 소백산맥의 남쪽은 낙동강, 태백산맥 동쪽은 동해로 유입하는 강릉 남대천과 오십천 등 유로가 짧은 여러 하천들의 유역을 이룬다. 하지만 한반도에서 태백산맥은 현저하게 동쪽으로 치우쳐 있기 때문에 이 지역 대부분은 한강 유역에 속한다. 이 지역 동서단면에서 현저하게 나타나는 비대칭성에 대해 고바야시 데이이치(小林貞一)[1][4]는 비대칭적 지배사[5]요곡운동(地背斜撓曲運動)의 결과로 설명하였고, 다다 후미오(多田文男)[2][6]는 동해 쪽에 전면(前面)[7]이 있는 경동지괴(傾動地塊)라고 생각했으며, 시라기 다쿠지(素木卓二)[3][8]는 삼척탄전 부근에 발달한 남북 계통의 단층군 활동과 관련지었다.

이야기를 바꾸어, 이 지역에는 다양한 삭박면이 분포하고 있지만, 필자는 다음과 같은 방법으로 삭박면을 구분하였다.

1) 실지 조사에 의해 삭박면의 유물을 발견하는 방법

이 방법은 확실하지만 적용 범위가 조사지역에 한정되기 때문에 광범위한 지역을 다루는 경우 다른 보조적 수단이 필요하다.

2) 지형도에서 평탄한 지형면을 삭박면의 유물로 채택하는 방법

이 경우 지질도 등을 참조하여 퇴적면인지 아닌지를 확인해야 한다. 오히려 동일 기원의 평탄한 지형면으로 간주하는 절봉면(切峯面)은 특정 시

---

1) 小林貞一(1931), 朝鮮半島地形發達史と近生代地史との關係に就いての一考察, 地理學評論, 第7卷, pp.523~550, pp.628~648, pp.708~733.

2) 多田文男(1941), 朝鮮の地形(講演要旨), 地理學評論, 第17卷, pp.504~505.

3) 素木卓二(1940), 江原道三陟無煙炭々田, 朝鮮炭田調査報告, 第1卷.

기의 삭박면을 복구한 것으로 볼 수 있다.

3) 하천종단면에서 확인되는 천이점(遷移點)부터 상류의 평형곡선[9]을 삭박면으로 채택하는 방법

이와 같은 평형곡선은 본류와 지류의 평형곡선 중에서 상당히 넓은 범위에 걸쳐 대략 같은 높이에 있는 것만을 채택해야 한다.

4) 하천 감입곡류대의 공격면 하부에 완사면이 존재할 경우, 급사면과 완사면의 천이점을 삭박면의 높이로 채택하는 방법[4]

일반적으로 천이점 부근에는 이것과 거의 같은 고도의 능상(陵床, eckflur)[10]이 하안단구로 존재하는 경우가 많다. 따라서 천이점은 이전 하상(河床)의 위치를 나타내는 것으로 생각할 수 있다.

이상과 같은 4가지 방법이 있다. 이러한 방법으로 확인된 주요한 삭박면의 분포는 다음과 같다.

A. 한강 유역의 삭박면

한강 유역은 원주와 충주를 연결한 선[11]을 경계로 그 동쪽과 서쪽의 지형이 확실히 차이가 난다. 즉 동쪽에는 해발 1,000m가 넘는 산지가 있는 반면, 서쪽은 해발 200m 이하의 구릉이 탁월하고 기껏해야 500m 내외의 산

---

4) 多田文男(1938), 鴨綠江嵌入曲流帶の滑走斜面に就いて(講演要旨), 地理學評論, 第14卷, pp. 326~364.

지가 이들 사이에 산재하고 있을 뿐이다. 이처럼 현저한 지형적 차이는 동쪽의 산지를 구성하고 있는 선캄브리아기의 변성암류 및 고생대 퇴적암류와 서쪽에 넓게 노출되어 있는 화강암 간의 침식 저항도 차이에 의한 것이지, 지반운동에 의한 것은 아니다. 왜냐하면 서쪽에서도 북한산과 같이 화강암으로 된 험준한 산이 있지만, 일반적으로 화강암 지역은 고도가 낮고 변성암과 퇴적암류의 지역은 고도가 높다. 또한 동쪽에서도 화강암 지역은 제천 부근이나 한강 상류부처럼 분지를 이루고 있다. 즉 원주−충주 선을 경계로 화강암과 변성암이 서로 접하고 있기 때문에 침식에 약한 화강암과 침식에 강한 변성암 사이의 차별침식에 의해 침식애(浸蝕崖)가 형성되어 있다. 하지만 절봉면도에서의 평탄면이 이 선을 경계로 어떠한 변위도 보여 주지 않는다는 사실에서, 한강 유역의 동서 지형적 차이가 지반운동에 의한 것이 아님이 입증될 수 있다.

한편 원주−충주 선의 서쪽에 있는 낮은 구릉은 주로 화강암 지역에 형성된 만장년기(晚壯年期) 내지 노년기의 지형이다. 이러한 지형은 이천, 여주, 원주, 장호원, 충주, 진천 일대에 걸쳐 가장 넓게 확인된다. 여기서 해발 100m 내외의 구릉은 특정 삭박면의 존재를 지시하고 있는데, 해발 200m 이상의 산지가 이 면 위에 우뚝 솟아 있다. 이 같은 험준한 산지의 전면에는 반드시 완사면이 발달해 있고, 급사면으로부터 저구릉(低丘陵) 산정면으로 서서히 고도가 낮아지면서 凹형 사면을 형성하고 있다. 이러한 완사면의 발달이 특히 뚜렷한 사례로는 경성 부근의 북한산과 관악산의 산록, 이천 북쪽 원적산 천덕봉(630m−역주) 남사면, 여주 서쪽의 북성산(262m−역주) 동사면, 원주 동쪽의 치악산맥 남사면, 충주 동쪽의 남산(636m−역주) 및 계족산(계명산, 774m-역주)의 서사면 등이 있고, 경성 부근을 제외하고는 모두 삭박을 받았다. 원주–충주 선의 동쪽 지역에는 주로 장년기 지형이고 곳에 따라서는 만장년기 지형도 있기 때문에, 서쪽과 같이 광대한 삭박면의 분포는 확인할 수 없다. 따라서 침식분지나 산정 부근의 평탄면은 기껏해야 산복(山腹, mountainside)에 능상으로서 산재해 있을 뿐이다. 비교적 넓은 삭박면으로는 제천 부근, 한강 상류 오대천 유역의 하진부리 그리고 송천 유역 횡계리의 낮은 구릉과 산록의 완사면을 들 수 있으며, 모두 침식분지에 있다. 제천과 하진부리 부근의 삭박면은 개석(開析)을 받았으며, 횡계리 부근의 삭박면은 해발 약 700m에 위치해 있고 기복은 거의 없다. 그 밖의 작은 침식분지로는 한강 유역에 해당하는 제천 남쪽 청풍리, 영월·정선 주천강 유역의 둔내면, 평창강 유역의 평창읍·대화면·봉평면, 임계천 유역의 임계면 지역을 들 수 있다. 중요한 능상의 사례로 영월과 영춘 부근의 석회암 지역에서 해발 300m 전후의 고도에 분포하고 있는 평탄면을 들 수 있는데, 그곳에 돌리네가 형성되어 있는 경우가 많다. 또한 한강 감입곡류대의 공격면 하부에는 완사면이 꽤 나타나며, 천이점도 확인된다. 산정 부근의 평탄면은 주로 동해 사면과 낙동강 유역의 분수계를 중심으로 다양한 고도에 존재하고 있다. 가리왕산(1,561m-역주), 함일산, 대일산 등의 정상에 있는 평탄면들이 중요한 것인데, 영월 부근 해발 약 800m의 산정 평탄면에는 돌리네가 형성되어 있다.

B. 동해 사면과 낙동강 유역의 삭박면

동해 사면은 아주 협소하고 분수계의 고도가 높기 때문에 전체적으로 급경사를 이루며 삭박면의 발달이 양호하지 않다. 하지만 강릉, 삼척 부근에는 해발 100m 전후의 낮은 구릉이 발달해 있어 삭박면이 존재함을 암시하고 있으며, 강릉, 묵호, 삼척 사이의 해안에는 해발 100m 내외의 고도에서 해안단구가 나타난다. 오십천 상류의 구사리[12] 부근에는 비교적 넓은 삭박면이 확인된다. 육백산(삿갓봉, 1,244m-역주), 사금산(1,092m-역주) 부근 정상에는 해발 1,000m 이상의 뚜렷한 평탄면이 존재하며, 삼척 남서쪽 근산(505m-역주) 부근에는 해발 약 300m 높이에 돌리네가 나타나는 평탄면이 확인된다.

필자가 답사한 낙동강 유역의 주요 삭박면으로는 함백산(1,578m-역주) 동쪽 산록에 있는 황지리 부근의 완경사 삭박면을 들 수 있다. 영주에는 원주에 있는 것과 아주 유사한 만장년기 내지 노년기의 지형을 지형도에서 확인할 수 있다.

3. 삭박면의 대비

이상에서 서술한 삭박면들은 아주 넓은 범위에 분포하고 있다. 동해 사면과 낙동강 유역은 그 범위가 좁기 때문에 대비가 비교적 용이하며, 마찬가지로 한강 유역에서도 원주-충주 선 서쪽은 삭박면이 상당히 연속적으로 분포하고 있기 때문에 간단히 대비할 수 있다. 다만 동쪽 산지에서는 삭박면의 분포가 극도로 단편적이고 아주 넓은 범위에 걸쳐 다양한 고도에서 나타나기 때문에 그 대비가 쉽지 않다.

A. 한강 유역에서의 삭박면 대비

하천의 중류 이하가 평형에 도달해 있고 상류부는 아직 평형에 도달하기 전에 일정한 융기가 일어난다면 하류부에 또 다른 천이점이 발생하게 된다. 그럴 경우 새로운 해수면을 삭박기준면[13]으로 하는 하천의 회춘에 의해 만들어진 새로운 천이점을 기점으로 두부침식(頭部浸蝕)이 시작되고, 연차적으로 상류에 전파된다. 한편 천이점 상류에서 융기의 영향을 받을 경우, 작은 곡두를 향해 이전 삭박기준면에 대응하는 하천의 평탄화가 진행된다. 따라서 하부에서 시작된 침식의 회춘이 상류부에 도달하기까지는 상류부 역시 이전의 삭박기준면에 대한 평형이 진행되고 있는 경우를 생각해 볼 수 있다. 예를 들어 남한강 상류의 도암면 횡계리 부근과 진부면 하진부리 부근처럼 지형이 만장년기를 나타내고 있는 경우에는 하류에 몇 개의 천이점이 있어도 하천 상류에서는 이전의 삭박기준면에 대해 평형이 이루어지고 있다. 결국 상류부의 하상종단면을 하류부로 연장해 복원하면 상류의 삭박기준면과 관련된 평형종단면을 얻을 수 있다. 이 연구에서 남한강 유역의 하천 모두는 각각의 삭박기준면에 대해 평형에 도달한 것으로 가정했다.

우선 남한강의 충주 부근에서 상류 유역을 주요 지류 유역들로 나누고, 이들 각각의 지류종단면을 작성한다. 지류 유역 내 소지류의 종단면에서 평형곡선을 확인하고 이를 연장한 복구평형종단면이 지류와 만나는 합류점에 표시된 수직 위치, 지류유역 내 삭박면 그리고 감입곡류대 공격사면 하부의 천이점을 각각의 지류 종단면에 표시한다. 따라서 개별 지류의 종단면에는 고도를 달리하는 소지류의 평형곡선이 표시되고, 지류 유역 내

삭박면 중에서 평형곡선을 연장시킨 복구평형종단면보다 위에 있는 삭박면을 특정 시기의 삭박기준면과 관련된 면으로 대비시켰다. 그런 후 각 지류의 복구삭박기준면과 본류와의 합류점을 나타내는 수직 위치, 남한강 본류의 직접유역 내에 있는 삭박면, 그리고 감입곡류대 공격사면 하부의 천이점을 남한강 본류 종단면에 표시하면서, 지류에서 삭박면을 대비시키는 것과 같은 방법으로 대비시켰다. 그 결과 충주 상류의 남한강 유역에서 현하상면과 가까이 있는 삭박면을 표 1과 같이 4개의 삭박면 군으로 대비시킬 수 있었다. 이를 충주 하류에 있는 삭박면과 대비시킨다면, 광주(廣州) 남한산(498m)의 삭박면은 제천면에, 충부 부근의 개석된 산록완사면과 이천, 여주, 원주 그리고 장호원 부근의 낮은 구릉지는 충주면에 각각 속한다.

표 1. 남한강 상류 유역의 삭박면 대비표

삭박면의 명칭	천이점의 위치, 해발고도	충주 부근에서의 고도	포함된 삭박면
대관령면	횡계리 하류 5km 700m(송천)	570m	횡계리 부근의 하상면과 산록완사면 하진부리 부근의 개석된 산록완사면
하진부면	하진부리 하류 10km 490m(오대천)	380m	하진부리 부근의 하상면 창동리 부근의 하상면 둔내면 부근의 산록완사면
제천면	정선 부근 320m(남한강)	260m	오대천·송천 합류점 부근의 하상면 대화면 부근의 하상면 영원·영춘 부근의 돌리네가 발달한 능상 제천 부근의 개석된 산록완사면
충주면	영월 하류 10km 180m(남한강)	160m	영월 부근의 하상면

또한 경성, 수원 부근의 산록완사면은 충주면보다 낮아 개석을 받지 않았기 때문에 현 수준의 삭박면인 평양 부근의 낙랑준평원[5]에 대비된다.

그렇지만 이는 현재 하천종단면에 평형곡선으로 남아 있는 삭박기준면과 관련된 삭박면이 대비된 것뿐이기 때문에, 그것보다 높은 고도의 삭박면의 대비에는 절봉면도에 나타나는 평탄면의 연속성을 이용했다. 남한강 유역의 절봉면도를 검토해 보면, 앞서 말한 고위삭박면에 의해 형성된 그리고 900m 이상에서 꽤 일정한 고도를 유지하는 절봉면이 넓게 이어져 있음을 확인할 수 있다. 이 면은 한강 하곡 가까이 가면서 900m 이하는 급경사를 이루고 있고, 대관령면 이하의 삭박면 군을 자르는 완경사의 절봉면과는 불연속성을 보인다. 이처럼 일정 고도를 지닌 900m 이상의 절봉면은 실제로 600m 최대 기복을 보이기 때문에, 잘린 삭박면 군들은 다시 일정 높이의 삭박면들로 구분할 수 있을지는 알 수 없다. 게다가 삭박면들이 극단적으로 단편적이어서 이들을 구분한다는 것은 현재로서는 불가능하다. 하지만 900m 이상의 절봉면은 한강의 침식에 의한 대관령면 이하의 삭박면 군과는 확실히 불연속적인 것으로 구별되기 때문에, 이를 일괄 대비시켜 오대산면으로 명명했다. 이와 같이 절봉면의 연속성을 근거로 고위삭박면[14]군을 일괄 대비시킨다면, 그것에 대응하는 것으로서 대관령면 이하의 삭박면 군 역시 1개의 연속된 완경사의 절봉면으로 잘리기 때문에 일괄 대비해 여주면으로 명명했다. 이로써 한강 유역의 삭박면은 절봉면에 의해 고위의 오대산면과 저위의 여주면으로 크게 나누어 볼 수 있고, 여주면은

---

5) 中村新太郎(1915), 地理教材としての地形圖(9) 平壤, 地球, 第3卷, pp.464~469.

다시 하천의 종단면에 의해 위로부터 대관령면, 하진부면, 제천면, 충주면으로 세분할 수 있다.

B. 동해 사면에서의 삭박면 대비

동해 사면의 삭박면은 규모가 작고 단편적이어서 미세하게 구분하여 대비시키는 것은 위험하다. 따라서 절봉면의 연속성을 이용하여 대비시켰다. 동해 사면에서는 1,000m 이상 평탄한 고위절봉면과 600m 이하 완경사의 저위절봉면이 확인되며, 이들 간에는 침식애로 생각되는 불규칙적인 급사면이 존재하고 있다. 2개의 절봉면 모두 동해 사면의 삭박면 군에 의해 잘리기 때문에, 이들 삭박면 군을 2개로 나눌 수 있다. 고위삭박면은 육백산면, 저위삭박면은 영동면으로 칭한다. 강릉, 삼척 부근의 낮은 구릉, 강릉–삼척 간의 해안단구, 미로면 하정리, 소달면 납구리, 노곡면 간삼리 등 돌리네가 나타나는 평탄면과 소달면 상덕리 부근의 능상은 모두 영동면에 속하며, 육백산, 응봉산, 사금산 등의 산정에 있는 해발 1,100~1,200m의 뚜렷한 평탄면은 육백산면의 전형적인 유물이다.

C. 낙동강 유역에서의 삭박면 대비

이 유역에서도 해발 1,100m 이상의 평탄한 절봉면이 나타나는데, 이는 600~1,100m 사이의 급사면에 의해 구분되며, 영주 지역의 침식분지에 의해 잘린 600m 이하 완경사의 절봉면과는 불연속적이다. 이곳에 있는 완경사의 저위절봉면은 낙동강에 인접한 평탄한 고위절봉면 쪽으로 만입되어 있기 때문에 600~1,100m 사이의 불연속성은 침식애로 판단된다. 따라서 이를 기준으로 고위삭박면 군과 저위삭박면 군이 구별되며, 각각을 태백산면과 영주면으로 명명했다. 태백산(1,567m), 함백산(1,572m) 산정의 삭박면은 태백산면에, 영주 부근의 낮은 구릉지와 황지리 부근의 산록완사면, 그리고 삼척군 상장면 통리 부근의 현 하상면은 영주면에 각각 속한다. 절봉면도에서는 오대산면, 육백산면, 태백산면이 연속되어 있기 때문에 같은 수준의 삭박면이다. 따라서 이들 3개의 고위삭박면을 일괄해서 육백산면으로 총칭했다. 또한 여주면, 영동면, 영주면 역시 고도, 단계, 그리고 육백산면과의 관계 등에서 보면 모두 대략 같은 위치에 있는 것이기 때문에 일괄해서 여주면[6]으로 총칭했다. 이리하여 한반도 중부의 삭박면 군은 표 2와 같이 요약할 수 있다.

표 2. 한반도 중부의 삭박면 대비표

중부 조선	한강 유역			동해 사면	낙동강 유역
육백산면	오대산면			육백산면	태백산면
여주면	여주면	대관령면		영동면	영주면
		하진부면			
		제천면			
		충주면			

---

6) 명칭은 小林貞一의 명명법을 따랐다. 각주 1) 참조.

4. 삭박면의 형성기

A. 육백산면의 형성기

(1) 육백산, 함백산 부근에는 동해안과 대략 평행하게 태백산단층이 형성되어 있으며, 이보다 동쪽에는 북–남, 북동–남서, 북서–남동 등 3가지 방향의 단층이 격자상으로 발달해 있다.[7] 이들 단층선은 모두 상부 백악기의 신라통을 끊고 있기 때문에 신라통 퇴적 이후에 활동한 것이 분명하다. 또한 이들 단층을 따라 곳곳에 불국사통으로 생각되는 석영조면암이 분출되어 있기 때문에, 이들 단층군의 형성은 불국사통 퇴적[15] 이전으로 생각된다. 하지만 이 지역의 절봉면을 관찰해 보면, 육백산면 형성 후에 이들 단층이 활동했다는 증거가 확인되지 않고, 이들 단층망이 지형적으로 단층애 혹은 단층선곡으로 나타나고 있다. 따라서 육백산면은 이들 단층망이 활동한 이후에 형성된 것이다.

(2) 낙동강, 오십천의 분수령인 백병산(1,259m–역주) 산정에는 육백산면에 속하는 해발 약 1,200m의 삭박면이 나타난다. 이 삭박면은 불국사통으로 생각하는 백병산 석양반암을 확실하게 자르고 있기 때문에, 불국사통 퇴적 이후에 형성된 것이다.

따라서 육백산면은 상부 백악기[16]의 불국사통 퇴적 이후에 형성된 것이다.

---

7) 각주 3) 참조.

B. 여주면의 형성기

(1) 강원도 삼척군 북삼면 지가리, 대구리 부근에서 미로면 상사둔리[17], 삼척읍 조경리에 걸쳐 삼척층이 분포하고 있다. 이 층은 점토 및 사력으로 이루어진 삼각주 형태의 퇴적물로 오십천이 운반한 것으로 추정된다. 이 점토 중에서 채집된 식물화석을 근거로 후기 마이오세로 판단되며, 영일만 부근의 상부 연일통에 대비된다.[8] 이 층의 역은 거의 대부분 석영조면암이기 때문에 이 층의 퇴적 시기에는 석영조면암 지역이 현저하게 침식을 받았음을 알 수 있다. 하지만 그 분포지역은 오십천 유역의 석영조면암 지역과 소달면[18] 남부의 석영조면암 지역뿐이다. 도마평[19] 석영조면암 지역은 현재 해발 200~450m의 산지에 있지만, 절봉면에서 살펴보면 이 지역과 육백산면 사이에는 침식에 의한 불연속성이 뚜렷이 확인된다. 따라서 석영조면암 지역은 여주면에 속한다. 또한 소달면 남부의 석영조면암 지역 역시 태백산면보다 낮기 때문에 여주면 형성기에도 침식되고 있었음이 분명하다. 따라서 후기 마이오세[20]에 이미 육백산면이 대략 현재 고도 가까이까지 융기했으며, 그때 여주면의 형성이 시작되었음이 분명해진다.

(2) 강릉–삼척 사이의 해안에는 해발 100m 전후의 해안단구가 나타난다. 이 단구는 여주면의 새로운 삭박면이지만, 북삼면 용정리 부근의 단구에서는 삼척층의 점토층과 부정합을 이루는 단구역층이 그 위에 있다. 따라서 여주면의 새로운 삭박면 군은 삼척층 퇴적 이후에 형성된 것임에 분명하다.

---

8) 삼척층과 그 주변의 지질에 대해서는 고바야시 구니오(小林底夫)·요시다 히사시(吉田尚) 학사로부터 유익한 조언을 받았다.

이상의 고찰에 의하면, 후기 마이오세에는 이미 육백산면의 개석과 여주면의 형성이 시작되었으며, 새로운 삭박면 군은 상부 마이오세 이후에 형성되었음을 알 수 있다.

오히려 현재 지형을 지배하고 있는 동서 단면의 확연한 비대칭성은 육백산면 형성 이전의 비대칭성을 계승한 것이라고 생각할 수도 있겠지만, 육백산면을 현재의 고도까지 융기시킨 지반운동이 한반도의 황해 사면과 동해 사면의 분수계를 현저히 동해안 쪽으로 기울어지게 만든 요인이라고 추측할 수 있다.

5. 지형발달사

1. 백악기 말 태백산단층 운동 이후 제3기 전반까지 침식시대가 계속 이어졌다. 이 사이에 지반이 정지되어 있었던 것은 아니고 소규모 운동이 수차례 반복되었다고 생각되지만, 침식이 우세했기 때문에 준평원화작용[21]은 계속되었다.

2. 준평원화의 결과 500m 내외의 기복을 가진 만장년기 내지 노년기의 육백산면이 형성되었으며, 이후 마이오세 말기 이전에 한반도의 동서 분수계를 현저히 동해 쪽으로 기울게 하는 우세한 지반운동에 의해 대략 현재의 고도까지 융기하였다.

3. 이 융기에 동반하여 새로운 침식시대가 시작되었으며, 육백산면은 주변부터 개석되어 여주면이 형성되기 시작하였다.

4. 이후 소규모의 융기가 4회 반복되었고, 이에 따라 고도를 달리하는 4개의 삭박면 군이 형성되었다. 하지만 후기 마이오세에는 삼척층이 퇴적되기도 하였다.

5. 하지만 삭박작용이 우세하였기 때문에 여주면의 형성이 계속되었고, 원주—충주 선의 서쪽에는 현재와 같은 주변준평원[22]에 가까운 지형이 나타나게 되었다.

1. 요시카와 도라오(吉川虎雄, 1922~2008)는 시가 현(滋賀縣) 고카 시(甲賀市) 출신으로 1944년 도쿄대학 이학부 지리학과를 졸업하고, 1952년 동 대학 강사, 1953년 동 대학 조교수, 1961년 동 대학 교수를 역임, 1982년 정년 퇴임하였다. 해안단구가 빙하성 해면변동과 융기운동의 결과이며, 그것의 형성과정을 정리한 논문은 일본 제4기 연구와 지형학을 크게 진전시켰다. 게다가 일본의 산지지형 연구에서는 지각변동과 침식의 양적 관계를 검토하였고, 일본 지형의 특징을 '습윤변동대'라고 표현하였다. 그의 지형학적 해석은 메이지(明治) 시기 이후 일본 지형학의 중심 개념이었던 데이비스의 '침식윤회설'과는 크게 달라 일본 산지의 인식을 바꾸어 놓았다. 중요 저서로는『湿潤変動帯の地形学』東京大学出版会(1985)와『大陸棚その成立ちを考える』古今書院(1997) 등이 있다.

2. 삭박면(削剝面, denudation surface): 침식작용이 선적으로 작용하는 데 비해 면을 대상으로 하는 삭평형작용에 의해 형성된 소기복의 침식면을 말한다. 침식면은 규모의 대소에 관계없이 사용되지만, 삭박면은 국지적인 하천이나 해식에 의한 침식면에는 사용되지 않고 풍화작용에 의한 대규모 기반암의 노출면을 의미한다. 삭박면은 과상의 침식면으로 사용되기도 하지만 페디먼트(pediment)와 같이 과상이 아닌 평탄한 침식면에도 사용된다.

3. 응봉산: 위치상 삼척(鷹峰山, 1,268m)과 울진(應峰山, 999m)에 동일한 지명의 산이 있으나, 이 연구에서는 태백시 창죽동과 화전동의 매봉산(1,303m)을 가리킨다.

4. 小林貞一(1931), 朝鮮半島地形發達史と近生代地史との關係に就いての一考察, 地理學評論, 第7卷, pp.523~550, pp.628~648, pp.708~733, 고바야시에 대해서는 이 책〈옮긴이 후기〉를 참조할 것.

5. 지배사(geanticline, 地背斜): 지향사의 상대적인 용어로 데이나(J. D. Dana, 1875)에 의해 명명되었으며, 지각 위에 형성된 폭이 넓은 대상(帶狀)의 융기지역을 말한다. 지배사는 지향사의 배후산지로 지향사에 퇴적물을 공급하면서 서서히 융기하는 지역이다. 지향사는 현재 실재하는 지층의 두께, 지질구조로부터 복원하여 얻은 개념이지만, 지배사는 지향사와 관련하여 유도된 개념이다.

6. 다다 후미오(多田文男, 1900~1978): 도쿄 시(東京市) 출신으로 1923년 도쿄대학 이학부 지리학과를 졸업하고 1926년 도쿄대학 지진연구소 조교수, 1933년 동 대학 지리학과 조교수, 1953년 동 대학 지리학과 교수를 역임하고, 1961년 정년 퇴임하였다. 활단층 연구의 선구적 연구자 중 하나이며, 응용지형학 분야인 지형과 수해피해에 관한 연구를 주도하였다. 주요 저서로는 『わが国土3関東地方』民書刊行(1956)과 『自然環境の貌: 平野を中心として』東京大出版(1964) 등이 있다.

7. 원문에 전면(前面)으로 되어 있어 그대로 번역했다. 아마 경동지괴 중에서 경사가 급한 쪽을 '전면'으로 정의해 사용한 것 같다.

8. 시라기 다쿠지(素木卓二): 조선총독부 연료선광연구소 소속 지질기사로 우리나라 석탄 개발의 선구자 중 한 사람이다. 그는 1921년 도쿄대학 지질학과 학생 신분으로 조선총독부 지질조사소에 촉탁근무하면서 졸업논문(Geology of Sanchoku District, Korea)을 완성하였다. 다음 해인 1922년에 새로 발족한 조선총독부 산하 연료선광연구소에 입사하여 탄전조사 반장으로서 우리나라 탄광개발의 일익을 담당했다. 그는 함경북도 남부탄전(1930), 평안남도 북부탄전 덕천지역(1931), 강원도 삼척탄전(1940)에 대해 지질조사를 했으며, 1925~1928년 사이에 5회, 230여 일간에 걸쳐 태백지역을 조사하면서 양질의 석탄 약 2억 톤이 매장되어 있음을 발견하였다. 이곳 석탄은 1935년부터 조선무연탄㈜, 조선전력㈜, 삼척개발㈜, 삼척탄광 도계분소, 장성탄광개발 등을 거치면서 채탄이 이루어졌다. 하지만 시라기의 생몰연대나 그 밖의 개인적 이력에 대해서는 확인할 길이 없다.

9. 평형곡선(平衡曲線, graded curve): 장년기 이후 두드러진 침식이나 퇴적이 일어나지 않는 평형 상태에 있는 하천의 종단면을 말한다. 동일한 하천 내에서도 상류보다는 하류 쪽에서 일찍 나타난다. 평형하천의 종단곡선은 상류가 급하고 하류는 완만한 지수곡선(指數曲線)을 나타낸다. 평형경사도는 하천에 따라 다르며, 유량이 적은 하천이나 유송물질량(流送物質量)이 많은 하천일수록 급하다. 침식윤회에서는 경사변환점(knick point)이 나타나지 않는 하천을 장년기에 이르렀다고 한다.

10. 능상: 산지의 능선부에 나타나는 평탄면.

11. 이 선을 따라 원주와 충주를 연결하는 19번 국도가 개설되어 있다.

12. 구사리: 강원도 삼척시 도계읍 구사리. 미인폭포의 상류지역.

13. 삭박기준면: 침식기준면(base level of erosion).

14. 고위삭박면: 고위삭박면, 저위삭박면은 삭박면이 나타나는 고도를 기준으로 부여한 명칭이다. 저위삭박면이 고위삭박면보다 높은 곳에서 나타나는 문제 등을 고려하여 김상호(1980)는 고기삭박면, 신기삭박면으로 구분하였다.

15. 불국사통은 심성암의 관입시기로, 다테이와(1929)는 이미 화강암의 분출시기로 구분하고 있다. 불국사통의 퇴적이라는 용어는 저자가 층서(層序)를 잘못 인식했거나, 관입(貫入)이라는 용어를 퇴적이라고 부적절하게 사용한 것에서 비롯되었을 수 있다.

16. 상부 백악기를 제3기 마이오세의 초기로 연대를 추정한다면 약 65~67MA에 해당한다.

17. 미로면 상사전리(上士田里)의 오기로 보인다.

18. 소달면: 삼척시 도계읍의 옛 지명.

19. 도마평: 삼척시 미로면 하거노리의 자연마을.

20. 후기 마이오세의 마지막 기(age)인 메시니아(Messinian)로 연대를 추정할 때, 약 7.2~5.3MA에 해당한다.

21. 준평원화작용(準平原化作用, peneplanation): 침식과 삭박작용에 의해 지표면의 고도를 낮추고 기복을 작게 하여 지형을 준평원으로 만드는 작용이다. 기준면화작용(base-levelling), 평탄화작용(planation)이라고도 부른다.

22. 주변준평원(周邊準平原, marginal peneplain): 산지의 주변에 국지적으로 분포하는 준평원의 일부분이다. 데이비스(W. M. Davis)와 펭크(A. Penck)는 그 형성과정을 각각 다르게 설명하였다. 데이비스는 준평원이 간헐적인 융기 후 주변부가 먼저 하천의 측방침식을 받아, 융기량이 적은 주변부가 먼저 준평원에 도달한다고 하였다. 이에 반해 펭크는 연속적인 융기와 함께 침식이 시작되어 가장 먼저 융기가 이루어진 주변부가 먼저 준평원에 도달한다고 하였다. 펭크는 주변준평원을 중앙의 산지와 곡저를 연결하는 산록면으로 불렀다.

왜 80년도 더 된 구닥다리, 그것도 일본인 학자가 쓴 논문을 번역했는가?

 역자는 후기에서 이 질문에 대해 답을 하려 한다. 우선 이 책의 내용은 한국지리를 배우거나 가르치면서 학생이나 교사, 심지어 지형학 교수마저 건너뛰었으면 하는 주제인 '한반도 지체구조', 그중에서도 '고위평탄면과 저위평탄면'에 관한 이야기이다. 난해하기도 하지만 지질학에서도 좀처럼 다루지 않는 신생대 7,500만 년 동안의 한반도 지사를 '요곡융기와 이윤회성(二輪廻性) 지형'이라는 개념으로 과감하게 캡슐화한 것이다. 물론 이 개념은 당시 유행하던 데이비스(W. M. Davis)의 '지형윤회설'에 기반을 둔 것으로, 이 책의 독자라면 이미 알고 있는 사실일 것이다.
 지형에 기반을 둔 한반도 지체구조에 관한 설명은 1931년 일본인 지질학자 고바야시에 의해 처음 제기되었는데, 이 책은 그 논문을 번역한 것

이다. 정확한 서지 사항은 小林貞一, 1931, 朝鮮半島地形發達史と近生代地史との關係に就いての一考察, 地理學評論, 第7卷, pp.523~550, pp.628~648, pp.708~733이며, 이 논문은 1933년 캐나다에서 열린 범태평양과학자회의에서 영문으로 요약·발표된 바 있다. 한편 고바야시의 견해가 한반도의 지체구조를 설명하는 데 처음 인용된 것은 1942년 라우텐자흐가 쓴『코레아』에서 확인할 수 있다. 그 책에 실려 있는 고바야시의 그림에는, 한자로 색인이 달린 1931년 일어판 논문의 〈그림 17〉과는 달리 영문으로 색인이 붙어 있다. 1933년 발표문은 정규 학술잡지가 아닌 발표요약집에 실린 것이라 확인할 길이 없지만(사실 여러 방면으로 확인하려 했으나 아직은 찾지 못했음), 라우텐자흐의『코레아』에 실린 고바야시의 그림은 1933년 영문 발표문에 실린 것이라고 생각된다.

해방 후 지형 기반 한반도 지체구조론은 1947년 고바야시의 제자인 요시카와에 의해 수정, 발표되었다. 정확한 서지사항은 吉川虎雄, 1947, 朝鮮半島中部の地形發達史, 地質學雜誌, 第53卷, 第616~621號, pp.28~32이며, 그 원문이 이 책 부록에 번역되어 실려 있다. 우리나라 지리학자의 한반도 지체구조론에 관한 본격적인 연구는 지형학의 개척자인 김상호에 의해 이루어졌다. 그는 1973년 자신의 논문「중부지방의 침식면 지형연구」를 통해 고바야시와 요시카와의 견해를 소개하면서 자기 나름의 침식면 구분을 시도하였다. 하지만 역자의 판단으로는 고바야시나 요시카와의 그것과 큰 차이가 없다. 또한 각 침식면의 형성시기에 관해서는 인용도 하지 않은 채, 요시카와의 그것을 자기의 견해인 양 주장하고 있다. 혹시 오해가 있을까 염려되어 그것들 중 하나의 위치를 정확히 밝혀 둔다. 김상호의 1973

년 논문 111쪽 세 번째 문단과 요시카와의 1947년 논문 32쪽 B. (1)을 확인해 보기 바란다.

어쩌면 김상호 교수의 관심은 이미 발표된 침식면을 새롭게 구분해 보려는 것이 아니었을지 모른다. 오히려 그의 관심은 이렇게 세팅된 지체구조 속에서 저위침식면의 형성 메커니즘을 페디먼트에서 찾아, 한반도 제4기 기후환경이 건조했음을 밝히려는 데 있었던 것이 아닐까 여겨진다. 이후 그의 관심이 다시 풍화와 삭박으로 바뀌면서 기후지형학이라는 새로운 분야가 우리나라 지형학에 도입되었고, 후학들은 또다시 그분의 뜻을 받드느라 우왕좌왕하게 되었다. 하지만 이 이야기는 이 책의 범위를 넘어서니 이 정도로 끝내야 할 것 같다.

한편 1980년은 우리나라 지형학에서 고바야시의 이윤회성 지형론이 본격적으로 대두된 시점이라고 볼 수 있다. 조화룡 교수는 1980년 건설부 국립지리원에서 발간한 『한국지지—총론』에서, 그리고 정장호 교수는 자신의 『한국지리』에서 고바야시, 요시카와, 김상호의 견해를 상호 비교하면서 중부지방의 침식윤회에 대해 소개하였다. 또한 지금도 여전히 우리나라 지형학 교과서의 독보적인 지위를 차지하고 있는 권혁재 교수의 『지형학』 신판(1980년 간행)에 소개되면서, 고위평탄면과 저위평탄면이라는 이윤회성 지형론이 우리나라 지리학의 확고한 지식체계로 자리 잡게 되었다.

역자는 고바야시 그리고 요시카와의 원문을 번역한 후, 김상호 교수의 논문 「중부지방의 침식면 지형연구」를 다시 읽었다. 그분에게 처음 지형학을 배운 지 40년이 되었고, 대학 강단에서 지형학을 가르친 지 30년이 넘었지만 "여전히 어렵다"는 것이 솔직한 고백이다. 자신의 천학비재를 탓해야 하는 것인지, 그분만이 가진 독보적 천재성을 원망해야 하는 것인지, 그도 저도 아니라면 어디서 그 원인을 찾아야 하는 것인지 도무지 알 수 없다. 그간 몇 차례 그분의 논문을 읽으려 시도했지만 번번이 실패했다. 게다가 31쪽에 달하는 한자투성이에 일본어풍의 논문이라 정독한다는 그 자체만으로도 고통스러웠고, 게다가 그분이 말하는 개념 하나하나를 한반도 중부지방이라는 좁지 않은 공간 속에 배치하면서 1억 년 전인 백악기부터 현세까지의 변화를 머릿속에 시각화하는 것은 거의 불가능했기 때문이다. 다시 말해 한반도라는 3차원 공간에 펼쳐진 다양한 지형요소들의 1억 년간의 변화, 즉 4차원의 변화를 상상하는 일이란 결코 쉬운 일이 아니었다. 지형학을 업으로 삼는 자도 이럴진대, 하물며 초심자나 중등학교 학생일 경우 말할 나위도 없다.

하지만 한 가지 분명해진 것은 이제 한반도 침식면에 관한 이야기를 위해서라면 김상호 교수의 논문을 더 이상 읽을 필요가 없다는 점이다. 김상호 교수의 견해는 앞서 밝힌 조화룡, 정장호, 권혁재 교수의 해석으로 충분하다는 결론에 이르게 되었다. 왜냐하면 그 자신만의 특별한 이야기가 없기 때문이다. 그렇다면 결국 주목해야 할 것은 자신의 스승인 고토 분지로가 실타래처럼 엉켜 있는 한반도의 기복 속에서 한반도 산맥체계를 찾아냈듯이, 도쿄대학 지질학과 학부만을 졸업한 이립(而立)의 고바야시가 그 속에서 이윤회성 지형을 확인했다는 사실이다. 게다가 그의 연구지역이 한반도 중부지방에만 머문 것이 아니며, 침식면 연구로 일관한 것도 아니었다. 이 논문에서 소개된 지역은 개마대지의 갑산-장진고원, 평남-황해도의 철도 연변, 평남 북부탄전 지대, 영일만과 길주-명천 지방 등등 그의 관심은 한반도 전역에 이르고, 하천쟁탈, 선상지, 하안단구, 해안단구 등 다양한 지형요소에도 관심을 보였으며, 거시적 관점에서 한반도 지형발달과 신생대 지사와의 관계를 밝히고 있다. 어쩌면 역자의 미약한 일어 실력에도 불구하고 용감하게 이 논문의 번역에 나선 이유가 여기에 있다.

지질학자인 고바야시가 한반도에 대한 지형학적 견해를 지질학 잡지가 아닌 지리학 잡지에 게재한 사실은 한번 음미해 볼 가치가 있다. 우선 그의 스승인 고토 분지로가 탁월한 지질학자인 동시에 지리학에 큰 관심을 보였다는 사실에 주목할 필요가 있다. 그는 지질학회 대신 지학회를 창립하면서 1885년 기관지인 『地學會誌』를 창간했는데, 그 제목이 '지질학회지'가 아니라 '지학회지'인 것으로 보아 지질학의 좁은 범위를 벗어나 광물학, 암석학, 지리학을 아우르는 독일의 'Erdkunde'를 염두에 둔 것으로 볼 수 있다. 또한 1889년 대중적 잡지인 『地學雜誌』를 창간하면서 창간호부터 2년 간에 걸쳐 「普通地理學講義」를 9회 연재하기도 했다. 지리학에 대한 그의 관심은 지질학과를 졸업한 자신의 두 제자가 각각 도쿄대학 지리학과와 교토대학 지리학과를 창설했다는 사실에서도 엿볼 수 있는데, 야마사키 나오마사(山崎直方)와 오카와 다쿠지(小川琢治)가 그들이다. 결국 그러한 지리학적 관심과 리히트호펜의 『차이나』에 영향을 받아 「조선산악론」과 「조선기행록」과 같은 지리학 관련 논문 집필로 이어졌으며, 제자인 고바야시 역시 한반도 지형발달사라는 자신의 주 전공과는 동떨어진 지리학 관련 외도를 하게 된 것으로 볼 수 있다.

고바야시가 피력한 한반도 이윤회성 지형론은 지금은 거의 폐기 상태에 이른 데이비스의 지형윤회설에 기반을 둔 것이라고 앞서 밝힌 바 있다. 그

동안 데이비스 이론을 반박하기 위해 펭크(A. Penck)의 사면발달론, 동적 평형설, 지형-형성작용론 등 그동안 수많은 이론이 제기되면서 이제 데이비스의 지형윤회설은 폐기 직전에 이르고 말았다. 하지만 권혁재 교수가 "여러 면에서 결함을 적지 않게 지니고 있음에도 불구하고 지형의 발달을 거시적으로 설명하는 하나의 틀로서는 훌륭하다."라고 밝혔듯이, 한반도 1억 년의 지각변동과 지형 기반 지체구조를 설명하자면 거시적 관점에서 데이비스의 이론에 근거한 이윤회성 지형론에 의존할 수밖에 없는 것도 현실이다. 하지만 너무 어렵다. 고바야시, 요시카와, 김상호를 비교해 놓은 대학교재 내용도 어렵지만, 그것을 다시 요약해 고등학교 교과서에 실린 것은 더더욱 어렵다. 대학교재에 있는 내용이 점차 고등학교 교재에 옮아가는 것은 비단 지리학의 경우만은 아닐 것이다. 타 과목과의 차별성을 확보해야 한다는 절박함과 시장논리에 철저히 지배받는 검인정 교과서라는 상황에서, 교과서의 수월성을 이런 방식으로 확보하려는 것을 나무랄 수는 없다. 하지만 이 건만은 나가도 너무 나가 버렸다.

이 복잡한 이야기는 오랫동안 고등학교 지리교과서 초두에 등장해 왔으며, 이는 지금도 마찬가지이다. 이 이야기는 너무 복잡해 교수나 교사가 머릿속으로 그림을 그려 보는 그 자체도 쉽지 않은데, 하물며 어떻게 그것을 학생에게 전달할 수 있단 말인가? 사실 불가능한 일이며, 어떤 이는 지질학에서도 관심을 갖지 않는 1억 년 동안의 지체발달사를 왜 아직도 지리학에서 고집하고 있는지 알 길이 없다고도 한다. 어쩌면 이 이유만으로도, 어렵고 재미없다고 소문난 고등학교 한국지리 교육과정에서 이 이야기가 빠지는 것이 옳다고 본다. 다행히 지금은 큰 틀만 제시되고 상세한 교육과정은 자율적으로 구성할 수 있는 시대라 이 복잡한 이야기가 일부 교과서에서는 빠져 있다. 한편으로는 정말 다행이다. 하지만 지형에 기반을 둔 한반도 지체구조, 다시 말해 한반도의 골격을 해석하고 그것을 학생이나 일반인에게 전달하는 것이 지리학의 몫이라면, 또한 애매한 해석과 전달 방식 때문에 기존의 지식체계를 포기하거나 허물어뜨리기보다는 새로운 해석과 전달 방식으로 무장해 지리학의 고유 콘텐츠로 살아남게 하는 것이 나름의 의미가 있다면 이야기는 달라진다.

　그렇다면 대안은 없는 것일까? 한반도의 골격을 이윤회성 지형론보다 명쾌하게 설명할 수 있는 아이디어가 있다면 그것으로 대체하면 그만이다. 지금까지 몇몇 대안이 제시되기는 했지만 역부족이다. 새로운 대안이 없다면, 하지만 지금까지 해석하고 제시되어 온 방식이 혹시 문제라면, 이 아이디어의 창안자는 어떤 식으로 이 문제를 포착하고 접근했는지를 알 필요가 있다. 좀 과하게 이야기하자면 지금까지 비전(vision)도 없는 이야기가 비전(秘典)처럼 비전(秘傳)되어 왔다면, 이제 이 문제에 관심을 갖는 사람이라면 누구라도 이 문제에 관한 토론에 참여할 수 있도록 공론의 장을 마련해 보자는 차원에서 이 책을 펴내게 되었다. 물론 이 논문을 번역하는 데는 일본어에 능숙한 사람이 최선일 수도 있다. 하지만 비록 일본어 실력은 고만고만하지만, 지형학적 견지에서 고바야시의 아이디어를 끄집어내는 데는 오히려 지형학자가 나을 수 있다는 것이 역자들의 판단이었다. 바로 이와 같은 사연들이 낡은 서고에 갇혀 있던 이 논문을 다시금 꺼내 들어 번역하게 된 또 다른 이유이기도 하다.

　이제 이 논문의 저자인 고바야시에 대한 이야기로 이 글을 마무리하려

한다. 1901년 8월 31일 오사카에서 태어난 그는 교토의 제3고등학교 시절부터 화석채집을 하는 등 지질학에 관심을 보였다고 한다. 1927년 도쿄대학 지질학과를 졸업했고 같은 해 대학원에 진학했으며, 이 논문을 쓴 1931년에 도쿄대학 조교로 취임했다. 그해 미국으로 유학을 가 스미스소니언 연구소의 객원연구원으로서 지사학과 고생물학 연구에 매진했으며, 영국과 독일 등지에서도 연구를 계속했다. 1934년 귀국해 도쿄대학 지질학과 강사로서 지질학 제2강좌를 담당했고, 1937년 동 대학 조교수, 1944년 교수로 승진했다. 그 후 1962년 정년 퇴임까지 정력적으로 연구에 몰두하였는데, 특히 동남아시아의 지질과 고생물학 연구에서 탁월한 업적을 남겼다. 그는 1951년 일본학사원상, 1956년 독일지질학회로부터 Leopold von Buch상, 1966년 일본고생물학회상(橫山賞), 1969년 藤原과학재단으로부터 藤原賞을 수상했으며, 1970년 일본학사원 회원이 되었다. 또한 그는 국제고생물학연합과 국제지질학연합의 부회장을 역임하기도 했다. 도쿄대학 퇴임 후 일본고생물학회 명예회장 및 일본학사원 회원으로서 마지막까지 학문연구에 몰두하다가, 1996년 1월 13일 향년 94세를 일기로 타계했다.

그의 연구 열정은 어마어마한 연구 업적에서 엿볼 수 있다. 88세 미수를 맞아 이를 축하하기 위해 정리한 연구목록집에 800편에 가까운 자신의 저서와 논문 목록이 실릴 정도였다. 또한 타계 직전까지 삼엽충을 비롯한 화석군 연구에 매진하면서 문자 그대로 '생애연구'의 전범으로 후학들에게 귀감이 되었다. 미국의 지질학자 길버트(G. K. Gilbert)의 평전(1980, S. T. Pyne)에 "A Great Engine of Research"라는 부제가 붙어 있는데, 어쩌면 이 부제는 고바야시에게도 어울릴 만하다. 하지만 대학자 고바야시의 연구

시작이 식민지 조선에서 비롯되었다는 것은 조금 아이러니하다. 그는 25세 되던 1926년에 도쿄대학 지질학과의 학부생으로 졸업논문을 쓰기 위해 조선에 와서는, 강원도 남부의 캄브로-오르도비스기의 분포지역을 조사하였고, 그 결과를 1927~1931년까지 수편의 논문으로 발표하였다. 이 책에 번역된 논문을 쓴 시기가 1931년이니 1927년 졸업논문을 쓰고 난 이후 그때까지 조선을 다시 방문했는지, 했다면 얼마나 머물렀는지를 알 수 있는 자료는 찾지 못했으나, 1931년 조선총독부 지질조사소 촉탁으로 발령받은 것만은 확인할 수 있었다. 어쨌든 한반도 지체구조에 관한 고바야시의 1931년 논문은, 자신의 학부논문을 쓰기 위해 강원도 지역을 답사하던 시절의 경험이 기반이 되었음은 말할 것도 없다.

고바야시는 1926년 조선을 처음 방문한 이래 문하생과 더불어 수차례 조선을 방문했으며, 이때 조사하고 수집한 수많은 동물화석으로 자신의 고생물학 연구를 진척시켰다. 이 책 부록에 담긴 요시카와의 논문 역시 이러한 과정의 산물로 보아야 할 것이다. 그는 방문 성과를 단독으로 혹은 공동으로 계속 발표했고, 교토대학 나카무라 교수와 경쟁적으로 연구함으로써 한반도 하부 고생대층 연구에 크게 이바지하였다. 한편 한반도의 지체구조에 관한 첫 논문 역시 고바야시에 의해 비롯되었다는 점은 우리나라 지질학 발달사에서 그냥 지나칠 수 없는 이야기이다. 여기서 지체구조란 앞서 말한 지형 기반 지체구조가 아니라 복잡한 지질분포를 암석의 종류와 생성시기에 따라 몇 개의 땅덩어리로 구분하는 것으로, 그의 나이 32세이던 1933년에 처음으로 제기하였다. 영문으로 된 이 논문에는 우리나라 지체구조를 7개 구조구로 나누어 각각 두만지대, 평북-개마랜드, 평남분지, 경기랜드,

옥천분지, 영남랜드, 쓰시마 분지로 명명하였다. 그는 1953년 옥천분지를 변성옥천대와 비변성옥천대로 구분할 것을 제안하면서 자신의 초기 구분을 수정하였는데, 그의 제안은 이후 우리나라 여러 지질학자들의 지체구조 구분에 초석이 되었음을 자명한 일이다.

이제 이 글을 마무리하면서, 우선 이 번역작업에 참여한 나머지 두 사람을 소개하고자 한다. 현재 신라대학교 국제관광학부에 근무하고 있는 김성환 교수는 '낙동강 삼각주'가 연구주제였던 지형학자였고 지금도 여전히 지형학자이다. 대학 구조조정의 물결에 결국 새로운 학과로 옮기고 말았지만, 이 번역 작업에서도 확인할 수 있듯이 지리학에 대한, 지형학에 대한 그의 애정은 변함이 없다. 사실 김성환 교수와 나는 서로서로 규슈 여행 파트너이다. 내년 6월 규슈 여행 책 공동출판을 목표로 틈만 나면 후쿠오카행 비행기에 몸을 싣고 있다. 물론 규슈에서 렌터카 운전은 당연히 젊은 김 교수의 몫이다. 또 한 명의 역자는 내가 박사학위를 준 유일한 제자이다. 적지 않은 나이에 인생을 걸고 지형학 공부를 열심히 하고 있다. 산지의 기능적 분석과 산지의 개발 및 이용이 주 관심사인 지형학자로, 튼튼한 신체와 부드러운 성품이 돋보이지만 그의 호랑이 같은 눈매는 지도교수였던 나를 지금도 두렵게 만든다. 이 작업을 통한 두 분과의 협업을 평생 자랑으로 삼을 생각이다.

마지막으로 몇몇 분들에게 감사의 말씀을 드려야겠다. 우선 어려운 출판환경에도 쾌히 출판을 허락해 주신 ㈜푸른길 김선기 사장님에게 감사드리며, 이처럼 예쁜 편집과 제책 그리고 매끈한 문장을 안겨 준 최성훈 이사님과 김란 편집장에게 감사의 말씀 드린다. 또한 미비한 일본어 실력에도 불구하고 이나마 모양을 갖추게 된 것은 박선옥 씨의 도움 덕분이다. 거듭 고마운 마음 전한다. 여러 사람들의 도움을 받았지만, 이 책 속에 당연히 있을 오류는 우리 번역자의 책임임을 다시 한 번 밝힌다. 마지막으로 늘 안타까운 마음으로 지켜봐 주는 아내에게 감사드리고, 언젠가 할아버지가 쓴 책들을 보게 되리라는 기대 속에 점점 더 나빠지는 왼쪽 시력에도 불구하고 오늘도 책상에 앉을 용기를 주는 손자 우영이에게 감사한다.

2015년 6월
역자를 대표해서 손 일 씀

한반도 지형론 • 고바야시의 이윤회성(二輪廻性) 지형

초판 1쇄 발행   **2015년 6월 30일**
편역   손 일·김성환·탁한명

펴낸이   **김선기**
펴낸곳   **㈜푸른길**
출판등록   **1996년 4월 12일 제16-1292호**
주소   **(152-847) 서울시 구로구 디지털로 33길 48 대륭포스트타워 7차 1008호**
전화   **02-523-2907, 6942-9570~2**
팩스   **02-523-2951**
이메일   **purungilbook@naver.com**
홈페이지   **www.purungil.co.kr**

ISBN   **978-89-6291-290-6   93980**

*이 도서의 국립중앙도서관 출판예정도서목록(CIP)은 서지정보유통지원시스템 홈페이지
(http://seoji.nl.go.kr)와 국가자료공동목록시스템(http://www.nl.go.kr/kolisnet)에서 이용
하실 수 있습니다.(CIP제어번호: CIP2015016212)